AI伴我学Python

青少年编程入门

清禾AI编程教研组◎编著

化学工业出版社

·北京·

内 容 简 介

本书为中小学阶段的Python初学者量身打造，是一本充满趣味的Python编程启蒙书。本书突破传统教材的抽象教学模式，将编程知识巧妙地融入孩子们熟悉的校园生活场景，通过“做中学、玩中创”的理念，将Python学习变成游乐园式的趣味体验，带领读者开启一段充满惊喜的编程探索之旅。

本书独创“双线螺旋模式”：线下教材通过微项目分步指引，夯实Python基础知识，实现从基础学习到AI应用创建的快速过渡。线上AI智能体助手提供实时辅助，如错误诊断、代码解析，梳理编程思路；摒弃面面俱到的传统教材模式，紧扣Python核心知识点，设置了三层进阶式学习体系，共18个微项目，让读者在解决生活、学习的实际问题中培养计算思维。除此之外，本书使用了无须硬件支持、无须环境配置的学习方案，还提供了视频教学资源、试题、源代码，以及课程学习需要的素材等材料，让读者轻松地体验从编写第一行代码到开发智能应用的完整成长历程。

本书依据信息科技新课标，注重数字素养与创新能力培养。翻开这本书，让我们一起成为未来世界的创造者吧！

图书在版编目（CIP）数据

AI伴我学Python ： 青少年编程入门 / 清禾AI编程教研组编著. -- 北京 ： 化学工业出版社， 2026. 3.
ISBN 978-7-122-49849-6

Ⅰ. TP312.8

中国国家版本馆CIP数据核字第2026ND2906号

责任编辑：潘　清　　　　装帧设计：异一设计
责任校对：宋　夏

出版发行：化学工业出版社（北京市东城区青年湖南街13号　邮政编码100011）
印　　装：天津市银博印刷集团有限公司
710mm×1000mm　1/16　印张17　字数300千字　　2026年3月北京第1版第1次印刷

购书咨询：010-64518888　　　　售后服务：010-64518899
网　　址：http://www.cip.com.cn
凡购买本书，如有缺损质量问题，本社销售中心负责调换。

定　　价：79.00元

序 Foreword

在人工智能浪潮席卷全球的今天，教育正面临前所未有的机遇与挑战。如何将AI技术与学科教学深度融合，培养孩子的数字素养与创新能力，成为每一位教育工作者必须思考的命题。这本书正是在这一背景下应运而生的创新之作。

本书以初中Python课程为载体，构建了一条从“工具应用”走向“素养生成”的AI赋能路径。它不仅仅是一本编程书，更是一本融合人工智能教育理念与信息科技课程实践的探索之作。书中通过“双线螺旋模式”，将Python核心知识与AI技术应用有机耦合，使孩子在解决真实问题的过程中，既掌握编程技能，又提升AI素养。这种“做中学、玩中创”的方式，正是信息科技新课程标准所倡导的素养导向教学的生动体现。

尤为值得称道的是，这本书以可视化、童趣化的语言和场景，将抽象的算法逻辑转化为孩子可感知、可操作、可创造的学习体验。每一个微项目都源于孩子的日常生活，既降低了学习门槛，又激发了探究兴趣。这种以生活化项目驱动思维发展的设计，极大地增强了教学的可操作性与实效性。

此外，这本书通过“接触—生成—重构—反思”四阶段学习闭环，引导孩子从被动使用工具走向主动建构知识，从代码执行者成长为具备批判思维与创新能力的AI创客。这不仅契合“USE-HELP”原则所强调的“人主导、AI辅助”的教育理念，也为一线教师提供了可借鉴、可推广的课程实施范式。

作为区域信息科技学科建设的实践者，我深切感受到本书在推动人工智能教育与信息科技课程融合方面的创新价值与实践意义。它不仅是编程教学的有益探索，更是素养时代教育转型的前沿尝试。相信这本书能够为广大教师和学生带来启发与助力，让我们共同在AI赋能的教育新路上，走得更稳、更远。

沈李琴

嘉兴市南湖区教育研究培训中心副主任

前言 Preface

今天，AI浪潮正在席卷人们生活的每个角落，信息科技领域正经历着前所未有的变革。作为从业者，这感觉既刺激又很“痛苦”：我们为新技术带来的教学突破感到热血沸腾，也为快速过时的资料、快速迭代的AI工具感到焦虑。这种“被推着跑”的紧迫感，像捧着一块正在融化的冰——既兴奋于它能折射出的万千可能，又慌慌张张怕没攥住就化了。我们始终在思考：怎样才能把这些不断涌现的新技术变成激发孩子们的学习热情、培养他们数字素养的有效助力？

在AI高度发达的当下，似乎只需简单地输入需求，就能轻松获得想要的程序。这不禁让人思考：编程是否还重要？可以肯定地回答你：重要！编程的重要性甚至比以往任何时候都更加凸显。AI能辅助人们梳理项目流程、检查代码并纠错、生成代码，帮助人们解决学习过程中的诸多问题。但正如我们拥有一辆汽车，能否熟练驾驶它，才是决定我们能走多远的关键因素。AI赋予了人们更强大的能力，但要真正驾驭这份能力，编程思维和知识不可或缺。

现在很多人说“AI会取代程序员”，但其实更准确的说法是：AI会取代“重复写代码”的程序员，并且会放大“会编程”的人的价值。而这种“放大”，关键在于你能用编程的“基础知识”和“逻辑思维”，做出更聪明的决策。举个例子，假如你想做一个贪吃蛇游戏，是用HTML还是用Python？用Python的话选什么引擎？数据存储用列表还是用字典？这些问题，正是编程思维和基础知识的“实战演练”。

技术选择的逻辑：如果用HTML做贪吃蛇游戏，需要结合JavaScript控制动画，但可能更适合网页端展示；用Python的话，Pygame引擎更适合游戏开发（有现成的图形库和事件处理功能）。你需要根据目标（是网页小游戏还是桌面程序）和技术难度（Pygame对新手更友好）做出选择——这就是编程中“权衡利弊”的思维。

数据存储的选择：蛇的位置、食物的坐标需要存储，是用列表还是字典？列表适合按顺序存储（比如蛇身体的每一段坐标），字典适合存储“键值对”（比如用“*x*:10, *y*:20”表示食物位置）。你需要根据数据的访问方式做决定。

调用AI的技巧：如果你不懂数学，可能会直接让AI生成碰撞检测的代码，但学过编程的你会知道，“蛇头坐标是否与墙壁/自身坐标重叠”需要用条件判断（if语句），这时候你可以更精准地告诉AI：“我需要一个函数，输入蛇头坐标和墙壁范围，输出是否碰撞。”AI生成的代码会更符合你的需求，效率更高。

你看，学编程不是为了“和AI比谁写代码快”，而是为了用逻辑思维厘清问题，用基础知识做出决策，用编程能力放大AI的价值。

本书不同于传统的先系统地学习基础知识，再进行实践的模式，而是通过实际项目驱动学习，让编程过程更具趣味性和探索性。本书聚焦于Python核心知识点，助力读者高效入门。当然，为了让学有余力的同学能学到更多，本书进行了分层设计，这部分同学可以在“知识拓展”等环节继续学习。

本书独创线下教材与线上AI助手相结合的学习模式，打破传统教学与智能教育的界限。书中精心设计10个生活化微项目、3个拓展应用、3个人工智能应用设计，以及2个编程挑战。这些作品均围绕学生日常学习与生活场景展开，从模拟校园消费场景、管理个人阅读计划，到运用AI技术解决生活中的实际问题，每一个项目都旨在让学生在熟悉的情境中学习编程，既降低了学习门槛，又可以激发学习兴趣。例如“密码生成器”案例，通过设计安全密码规则，引导学生理解加密逻辑，强化信息安全意识。这些作品不仅充满生活气息，更在潜移默化中培养学生多方面的核心素养。在数据处理与应用过程中，融入信息安全、算法伦理等数字素养要素；通过对项目的设计与开发，锻炼学生的工程思维与创新能力；以解决身边实际问题为导向的项目内容，引导学生关注社会责任，实现技术与社会的深度连接。

本书为初学者精心设计了从认知到创造的完整学习闭环：通过“任务中心”的趣味场景导入编程任务，结合“任务解码站”明确学习目标；利用“单词剧场”解决英语障碍，通过“代码探秘”分步骤讲解核心知识，逐步构建程序；通过“源码秘境”提供完整代码参考，通过“试炼工坊”即时检测学习效果；借助“码上行动”迭代升级作品，搭配“创意工坊”激发灵感；最后通过“编程超能力”笔记区沉淀思考。书中穿插“动脑想一想”“BUG研究所”等五大互动模块，形成“学、练、创”三位一体的学习路径，助力零基础的你逐步掌握编程本质，实现从代码学习者到AI创客的蜕变。

AI时代的核心是“人主导，AI辅助”，AI改变了编程学习的方式——它让学习资源更丰富、工具更强大、场景更有趣，但决定你能否学好的，永远是主动解决问题的能力、扎实的基础逻辑，以及对“用编程创造价值”的热情。

目录 Contents

第1章 Python准备与环境搭建

1.1 认识Python

亲爱的读者，欢迎翻开这本充满创意的编程书！无论你是初次接触编程，还是已经用Scratch积木搭建过会跳舞的小猫、会说话的故事角色，体验过用图形化指令指挥计算机的乐趣，Python都会成为你得力的伙伴。

Python是全球数百万开发者的万能工具，它不仅能制作Scratch擅长的动画和游戏，还能分析数据、控制机器人，甚至教计算机写诗！从现在开始，我们将带领你从熟悉的积木出发，逐步解锁使用Python编写程序代码的超能力。

学习目标

1. 发现Scratch积木与Python代码的“隐藏联系”，认识Python。
2. 了解代码编程为什么能解决更复杂的问题。
3. 了解不同编程语言有各自适用的场景。
4. 了解如何使用本书。

认识Python

Python被誉为“最接近人类语言的代码”。它以简洁的语法、强大的功能和广泛的应用领域而闻名，并受到程序开发者、数据科学家和科研人员的欢迎。

Python的特点如下。

- 简单易学：语法简单，接近人类语言，适合编程新手。
- 广泛的应用：不仅能用来开发游戏，还能处理数据、控制硬件、开发人工智能应用等。

• 丰富的库：众多的开发者把某些功能做成了库，就像一个仓库。当你想“制造一辆车”时，不需要再“制造车轮”，而是直接从仓库中把“车轮”拿出来。

• 跨平台：可以在Windows、macOS、Linux等多种操作系统上运行。

Scratch与Python有区别吗?

虽然Scratch使用积木编程，Python使用代码编程，但它们之间也有相似之处。如果你想改变一个角色的大小，就在程序开始后重复执行100次“将大小增加1”，并说出当前的大小。

在Scratch中可能会用到如下积木块	用Python可能会用到如下代码

	`body = 50`
	`for i in range(100):`
	`    body = body + 1`
	`print("当前身体：",body)`

Scratch程序	Python代码

观察上面的对比，就会发现可以把积木块和代码一一对应起来。例如，中间的循环部分，Python通过for i in range(100)创建了100次循环，在循环体内执行body = body + 1，将body的数值累加；Scratch则借助“重复执行100次”的积木块，使用“将大小增加1”积木块来改变大小。

	`body = 50`
	`for i in range(100):` `    body = body + 1`
	`print("当前身体：",body)`

- 编程小档案

我最得意的Scratch作品：　　　　　　　　　　现在，我希望用Python实现：

编程语言都有各自擅长的领域

就像筷子和勺子一样，它们都是用来吃饭的工具，吃的东西不同，使用的餐具就不同。例如，你想喝汤，就会用勺子；你想吃菜，用筷子夹可能更方便一些。这并不意味着谁优谁劣，编程语言也一样，都有各自擅长的领域。

以制作小游戏、小动画为例，Scratch有非常明显的优势，它简化了编程的步骤。例如，制作一个下雨的小动画，在Scratch中，我们可以很轻松地画出雨滴，添加背景，再使用约14个积木块就可以完成。然而，使用Python可能需要写大约50条代码。

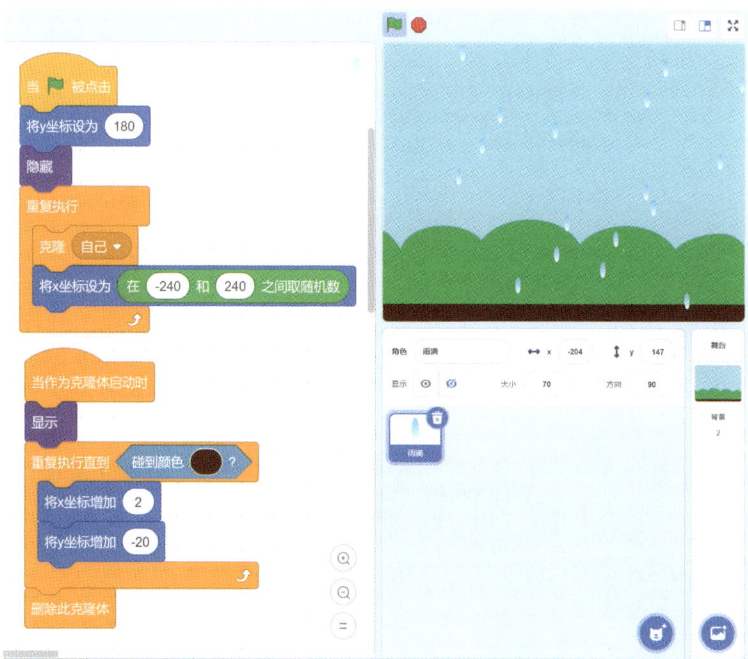

• 扫码查看程序运行效果

扫码看视频

```
import pygame
import random

# 初始化
pygame.init()
WIDTH, HEIGHT = 800, 600
screen = pygame.display.set_mode((WIDTH, HEIGHT))
clock = pygame.time.Clock()
# 颜色定义
SKY_BLUE = (135, 206, 235)    # 天空蓝
GREEN = (124, 252, 0)         # 草地绿
RAIN_BLUE = (70, 130, 180)    # 雨滴深蓝色
# 雨滴参数
drops = []
for _ in range(150):
    x = random.randint(0, WIDTH)
    y = random.randint(-HEIGHT, 0)
    # 添加随机长度参数
    drops.append([x, y, random.randint(8, 15)])
def draw_background():
    # 绘制天空
    screen.fill(SKY_BLUE)
    # 绘制草地（带渐变效果）
    for i in range(100):
        pygame.draw.rect(screen,
                         (GREEN[0], GREEN[1]-i//5, GREEN[2]),
                         (0, HEIGHT-50-i, WIDTH, 2))
running = True
while running:
    # 事件处理
    for event in pygame.event.get():
        if event.type == pygame.QUIT:
            running = False
    # 绘制背景
    draw_background()
    # 更新雨滴位置
    for drop in drops:
        drop[1] += 8  # 加快下落速度
        drop[0] += 1  # 添加向右的倾斜效果
        # 重置位置
        if drop[1] > HEIGHT or drop[0] > WIDTH:
            drop[0] = random.randint(-50, WIDTH)
            drop[1] = random.randint(-200, 0)
        # 绘制雨滴
        pygame.draw.line(screen, RAIN_BLUE,
                         (drop[0], drop[1]),
                         (drop[0], drop[1] + drop[2]),
                         1)
    pygame.display.flip()
    clock.tick(60)
pygame.quit()
```

Python创始人吉多·范·罗苏姆（Guido van Rossum）说："Python是胶水语言，能把不同的工具黏合成强大的系统。"相比Scratch，Python不仅能实现动画创作、游戏创作，还能处理复杂的数据（如分析成绩）、控制硬件（如机器人）、开发AI应用（如AI绘画）、制作网站等。

游戏开发

```
import pygame
# 初始化游戏引擎
pygame.init()
screen = pygame.display.set_mode((800,600))
```

使用Pygame框架开发2D游戏，支持精灵动画、碰撞检测和音效处理，轻松构建跨平台游戏应用。

数据分析

```
import pandas as pd
data = pd.read_csv('data.csv')
print(data.describe())
```

通过Pandas进行大数据处理分析，支持数据清洗、统计分析和特征工程。

人工智能

```
import tensorflow as tf
model = tf.keras.Sequential([
    tf.keras.layers.Dense(64, activation='relu')
])
```

利用TensorFlow/PyTorch实现深度学习模型，涵盖计算机视觉和自然语言处理领域。

数据可视化

```
import matplotlib.pyplot as plt
plt.plot([1,2,3], [4,5,1])
plt.title("示例图表")
plt.show()
```

使用Matplotlib和Seaborn生成动态可视化图表，支持交互式数据展示和报告生成。

网站开发

```
from flask import Flask
app = Flask(__name__)

@app.route('/')
def home():
    return "Hello World!"
```

基于Flask/Django框架构建企业级Web应用，支持REST API、模板渲染和数据库集成。

自动化办公

```
import openpyxl
wb = openpyxl.load_workbook('data.xlsx')
sheet = wb.active
```

自动化处理Excel/Word文档，实现报表生成、邮件自动发送等办公场景。

Python的文本代码可以培养大家的结构化编程思维，为未来学习人工智能、数据科学等领域的知识奠定基础，是从创意表达迈向复杂问题解决的“成长型工具”。除了Python，还有一些其他的代码编程语言，这些语言各有所长。

编程语言	擅长领域	典型应用
Java	企业级应用、安卓开发	银行系统、大型电商平台、手机App等
JavaScript	网页交互、前端开发	动态网页、浏览器游戏、网页动画等
C++	游戏开发、高性能计算	3A游戏引擎、操作系统、实时物理模拟等
Swift	iOS/macOS应用开发	iPhone App、iPad应用、macOS软件等
PHP	动态网站开发	网页、博客系统、内容管理平台等

编程在逻辑上都是相似的

无论是积木块式的Scratch，还是代码式的Python，所有程序均由3种基本逻辑构成。

逻辑结构	定 义	生活示例
顺序结构	按顺序执行的指令序列	早餐步骤：起床—洗漱—用餐
分支结构	根据条件选择执行路径	交通灯：红灯停—绿灯行
循环结构	重复执行的指令组	读书打卡：每天打卡—持续30天

当人们开始编程时，都是为了解决某个问题。首先需要对这个问题进行分析，然后思考应该用图形化编程还是用代码编程把解决问题的逻辑表达出来，最后在特定的载体上执行这些指令，达到解决问题的目的。

编程的本质是把人类的思维和想法转换成计算机能理解的指令，指挥计算机解决实际问题。因此，最重要的不是学习编程语言，而是厘清解决问题的方法，用编程语言把想法变成机器能理解的逻辑。

如何学习Python

1.学习路径

本书为大家安排了一条从学习入门知识到使用人工智能辅助编程的快速路径。

学习Python入门知识：先掌握数据的输入、输出操作，了解基本的数据类型，能编写按顺序执行的程序；再掌握分支结构的使用，使程序具备根据不同条件进行判断并做出决策的能力；接着学习循环结构的使用，让程序能重复执行任务，提升代码编写及应用效率，实现多样化逻辑。

学习Python进阶知识：深入学习数据结构相关知识，如列表（有序存储数据）、字典（通过键值对快速查询数据）、元组（数据具有不可变特性）等；掌握函数的使用，将重复的代码模块化，提高代码复用性，构建更复杂的程序架构。

学习Python库的使用：根据应用场景，学习不同功能的库。例如，用Pygame Zero库快速完成一个小游戏的制作；用turtle库绘制精彩的艺术作品；用easygui库为程序添加图形化界面；用qrcode库生成二维码，用gradio库搭建一个网页工具并发布在家里或学校网络上，拓展Python在游戏、网络等领域的应用能力。

学习构建简单的人工智能应用：借助API创建自己的人工智能聊天机器人；借助pyttsx3等库实现基础语音合成；利用OpenCV进行简单的图像识别，搭建驾驶防疲劳助手；可视化创建机器学习模型，搭建芒果识别系统，完成从基础编程到智能应用的能力进阶。

在学习本书时，大家可以通过“任务中心”了解知识点的趣味应用场景，以及相应的编程任务，明确“任务解码站”的学习目标；利用“单词剧场”预习课程中用到的“单词”，通过“代码探秘”来逐步了解核心知识，如果学有余力，可以掌握“知识拓展”中的内容；“源码秘境”中提供了作品完整代码参考，一定要动手练习；大家还可以通过“试炼工坊”小测试巩固知识，借助“码上行动”完成任务升级，在“创意工坊”用AI激发灵感，拓展Python的更多用法；最后在“编程超能力”笔记区记录学习收获。书中还穿插了“动脑想一想”等趣味互动，就像是有位AI伙伴全程陪伴，提醒你思考、动手、尝试。

2.学习建议

理解代码逻辑：不要“死记硬背语法”，通过“理解逻辑+练习应用”掌握知识点，主动分析书中代码，理清输入/输出、循环分支等结构的运作逻辑，尝试思考优化方案。

多多练习：初学者最有效的学习方式是“用80%的时间实践，用20%的时间学习理论”。因此，本书中的每个知识点都设计了“即学即练”环节。除此之外，每节都安排了一个完整的作品，务必动手编写代码，观察运行效果，了解知识点的应用场景，坚持“学习—练习—应用”的循环，记录在练习中遇到的错误（如格式报错、语法错误），梳理解决思路，积累排错经验。

善用AI工具：本书借助AI技术，设置了“AI加油站”环节，为大家打造了一个如影随形的编程学习助手。当代码报错时，你可以让它给出详细的解析，帮助你修复错误；当知识点没有看懂时，你可以让它给你更加形象的解释；你也可以让它出题考查你，完成测试后，AI会依据你的答题情况打分，并推送个性化的学习建议；它还能激发你的创作灵感，当你有了一个好的创意时，可以跟它沟通，它不仅能够帮你梳理思路，还能帮你完成代码的设计。

创作实战：除了完成书中的内容，你还可以学习自主设计一些小作品或者想一想生活中有哪些问题可以用编程来解决。不要担心写不好或者出错，可以先写短一点儿的程序，实现简单的功能，再慢慢拓展，增加新的功能，逐步将零散的知识串联起来，提升编程应用能力。

1.2 编程准备

想要开始使用Python编程，必要的准备工作是不可少的，就像画家作画时需要画布和颜料，厨师做菜前要准备锅铲和食材，我们也需要准备使用Python编程的环境及一个趁手的编辑器。那么，哪种工具最适合我们呢？人工智能（AI）是目前最好用的技术之一，可以使用它做很多事情。那么，它能不能帮助我们学习编程呢？“工欲善其事，必先利其器”，现在，让我们带着这些问题，一起来完成准备工作吧。

学习目标

1.了解Python程序环境。

2.认识海龟编辑器。

3.完成第一个Python程序。

4.了解AI如何辅助学习使用Python程序。

编程环境与工具

编程环境就像是一个专门为程序员打造的“工作室”，在这个“工作室”中，程序员可以高效地编写、测试和运行程序。它包含了一系列工具和资源，帮助程序员把自己的想法变成可以运行的程序。安装Python环境不是一件容易的事情，为了不让这个复杂的过程影响大家学习编程的乐趣，本书把详细的安装步骤放在了书后的附录中，大家可以在需要时再查阅安装。

Python安装完成后自带基础编辑器（IDLE），但它可能不太易于使用。专业开发者常使用PyCharm、VSCode等高级工具，但这些软件功能过于复杂。对初学者而言，Thonny、Mu编辑器、海龟编辑器是更好的选择，它们设计简洁，能显著提升学习效率，就像用多功能工具箱替代单一工具。

工具名称	适用场景	核心优势
IDLE（自带）	基础代码调试	无须额外安装
Thonny	代码可视化执行	变量跟踪功能突出
Mu编辑器	硬件编程入门	支持MicroPython
海龟编辑器	支持图形化编程	中文界面/代码提示

下面就以海龟编辑器[①]为例，开始Python的学习。

海龟编辑器介绍

海龟编辑器是一款功能全面、易于使用的Python学习工具，支持图形化编程和代码编程两种模式，特别适合儿童和初学者。大家可以通过拖拽积木实现图形化编程，并一键转换为Python代码，也可以直接通过代码编程。

注意：有些代码并不支持积木块，为了避免代码损失，最好不要来回切换。

它的界面简洁明了，保留了初学者学习Python最需要的核心功能；采用暖黄色调和大字体设计，保护使用者的视力，同时提供直观的操作体验。它提供语法高亮、自动补全和智能纠错功能，能够帮助用户更高效地编写和调试代码。最重要的是，它支持一键安装、卸载常用的Python库，方便用户扩展学习内容。

① 海龟编辑器是深圳点猫科技有限公司自主研发的一款图形化编程工具平台，与本书以及作者无合作关系。

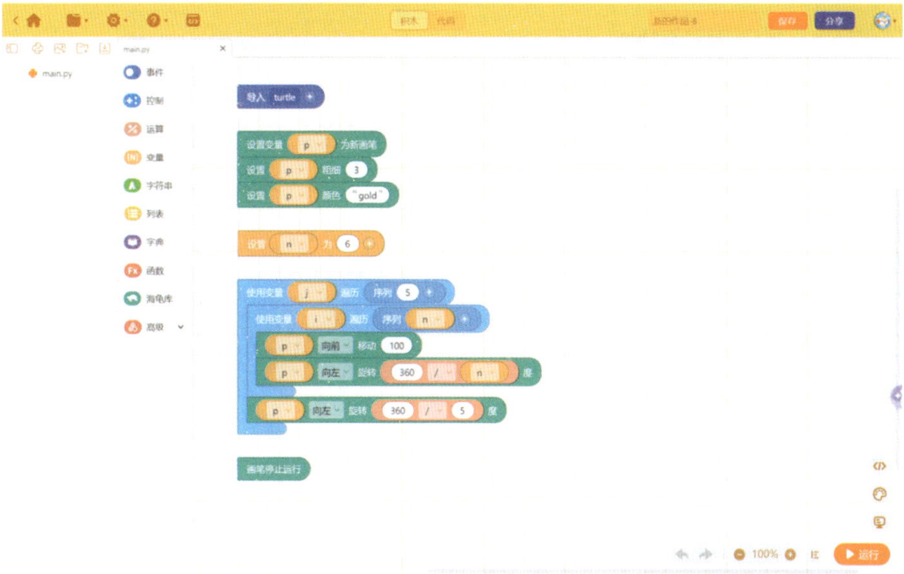

海龟编辑器的下载与安装

海龟编辑器提供了在线工具和本地工具，访问海龟编辑器官网可以进入在线工具页面。用户不必下载，在浏览器中直接使用海龟编辑器即可。此外，也可下载客户端使用。这两种方式都可以，相比之下，网页工具功能更为全面，客户端更方便、稳定。

根据计算机类型选择下载相应的安装包，下载完成后打开安装包即可快速完成安装，无须额外的设置。

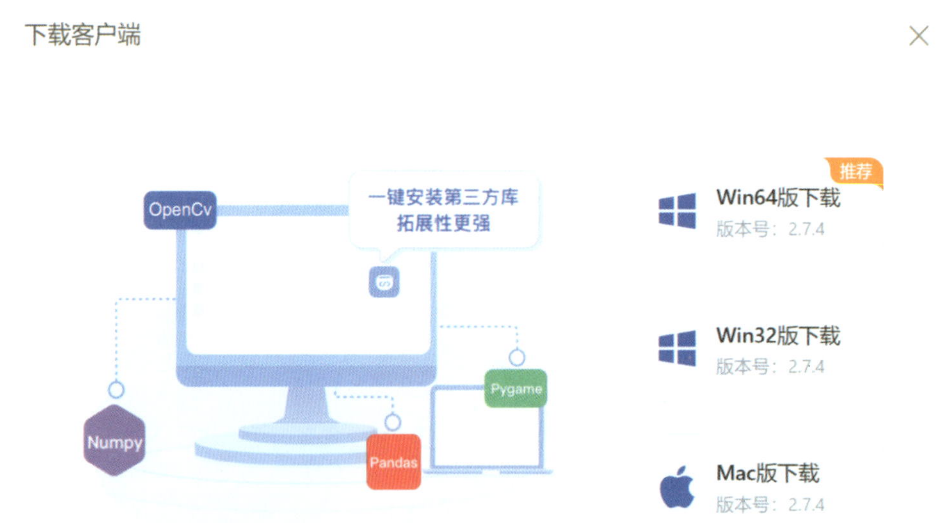

打开海龟编辑器，在“开始”页面顶部单击相应的按钮，可以创建普通的Python作品、Python硬件作品及C++作品。底部展示最近创建的作品。还可以打开本地的文件夹或者打开已经完成的Python作品。

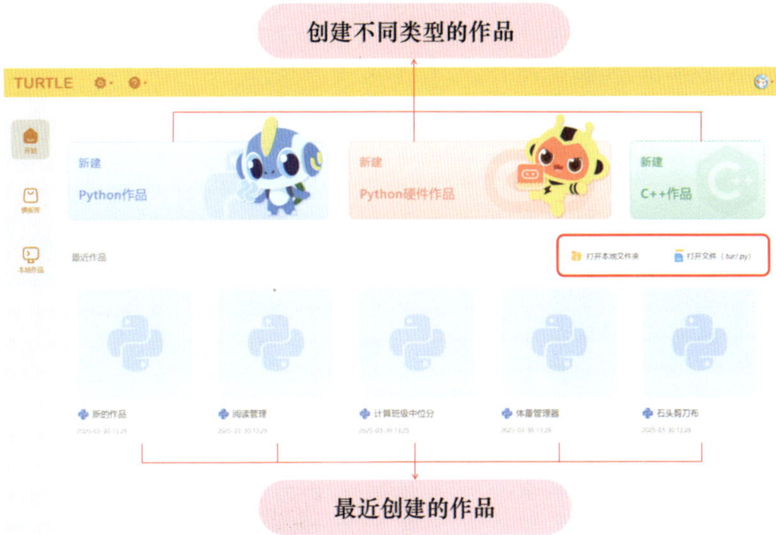

在“模板”页面，它贴心地为用户提供了几个Python编程模板，提供了参考的程序，用户可以通过这些内容熟悉语法、修改程序或者直接运行，查看效果。

海龟编辑器界面

网页端和客户端海龟编辑器在界面上稍有不同，这里以使用网页端进Python项目开发为例进行介绍。

导航栏前两个按钮分别为“文件”和“设置”。在“文件”菜单中，可以选择相应的命令新建、保存、导入或导出作品。单击“设置”按钮，可以打开“AI助手”（网页端），设置编辑器的主题以及语法纠错、缩进提示等功能。

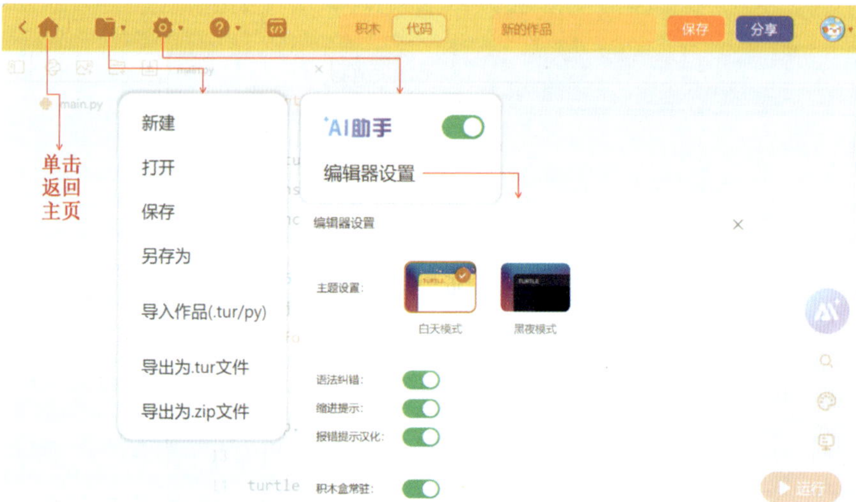

接着是“帮助”和“库管理”按钮。单击“帮助”按钮，可以查看手册、快捷键及Python乐园（社区）。单击“库管理”按钮，可以查看已经安装的Python库。库是Python的工具箱，通过不同的工具箱，可以让Python快速完成不同的任务。

网页版海龟编辑器预装了一些库，但在客户端中需要搜索并且需要手动安装或者卸载。

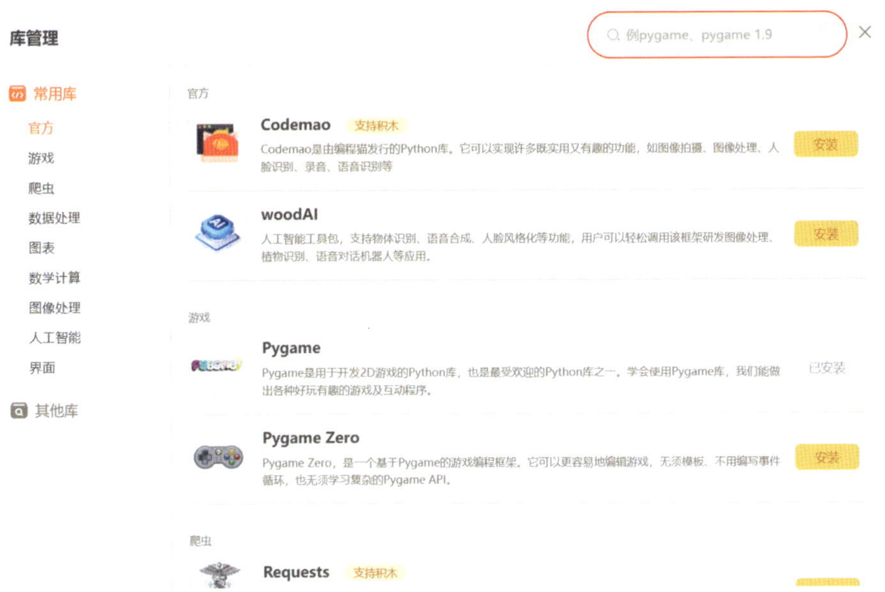

界面中间可以切换使用代码或积木块。最后，修改作品的名字并保存。此外，用户也可以通过二维码、链接、海报将作品分享或者发布到社区中。

在界面左侧，可以打开或关闭侧边栏。默认的程序是main.py，用户可以创建一个新的Python作品，默认的名字为“新的代码.py”，但可以重命名。单击“图片”按钮，将打开一个图片库，这里有很多角色、背景及声音素材，做游戏和动画时，它们会派上大用处。

在界面的右下角还有一些实用的功能。例如，“AI小海龟”[①]，用户可以和它对话、获取编程的思路、让它检查代码等。查找代码功能可以帮用户查找并替换代码，利用它用户可以快速定位错误的代码或进行替换。调色盘功能可以帮用户了解“颜色用代码怎么表示”。控制台可以显示当前程序执行的过程或结果，它会出现在界面底部，用户可以根据需要打开或者关闭控制台。

如果不小心删错了代码，在界面最下方，可以撤销操作或者重做。用户通过放大、缩小按钮可以调整代码显示的大小。网页端还有调试代码的功能，用户可以让程序慢下来，根据自己的需要，让程序逐条运行，这经常用在发现错误或者需要细致观察程序运行状态时。

最后，单击运行按钮，就能让计算机执行程序代码了！

---

① 截至本书出版前，该功能仅在网页版工具可用。

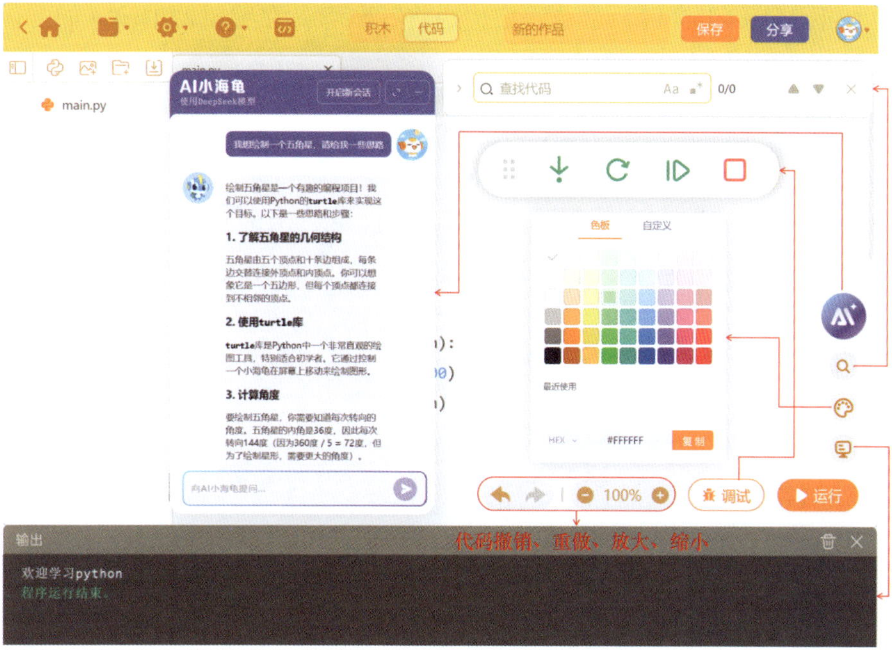

第一个程序

新建一个Python作品，这里已经准备好了一个main.py程序，单击运行按钮，便可以看到一个漂亮的图案。

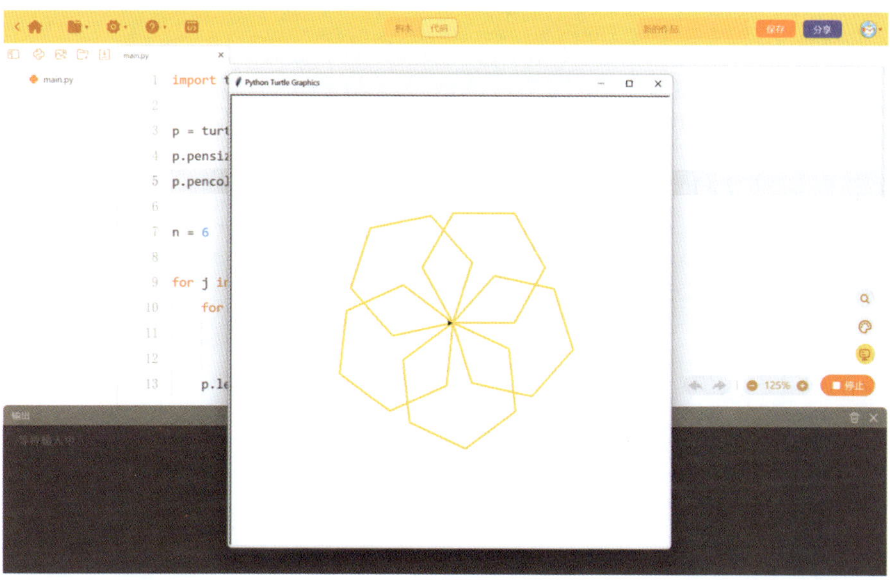

按下Ctrl+A组合键，全选程序代码将其删除，在编辑器中输入如下代码（标点符号使用英文符号）。

```
print("你好 python! ")
```

在输入时，旁边会出现一个小窗口，这里显示的是代码提示，用户可以使用Enter键接受提示。对于代码的用法，用户可以参考。

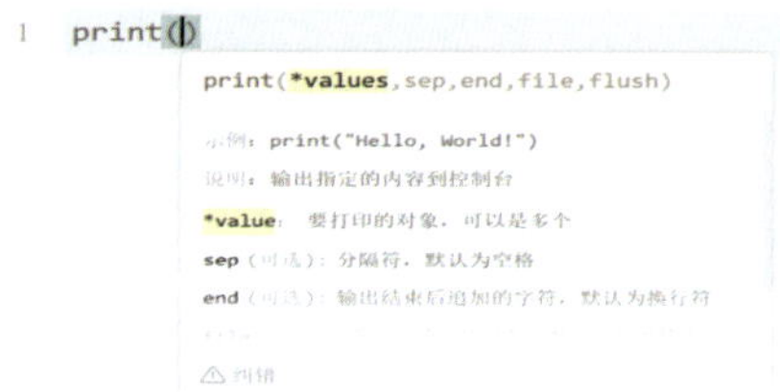

单击运行按钮，即可在底部的控制台中查看程序运行效果。

利用人工智能（AI）辅助学习

本书特别设计了与AI协同学习的内容，AI助手可以为大家提供个性化编程支持。它就像一位随叫随到的私人教练，能帮你答疑解惑、生成代码、优化逻辑。通过与AI工具（如DeepSeek）的互动，你可以更轻松地理解和掌握编程知识。比如，可以使用海龟编辑器中的“AI小海龟”，也可以按本书封底步骤访问链接，使用本书提供的AI助手。

作为AI助手，它可以为你的学习提供以下帮助，具体使用方法见附录A。

• 代码调试和优化。当你在编写代码时遇到错误，AI可以帮助你快速找到问题所在，并提供解决方案。将你的代码提交给AI，它可以分析你的代码，指出哪些地方可以优化，比如代码是否清晰、是否高效。如果你对如何实现某个功能感到困惑，AI可以根据你的描述生成代码示例，以帮助你理解。

• 启发创意。当你不知道如何开始一个项目时，AI可以为你提供创意建议。例如，如果你想做一个有趣的小项目，AI可能会建议你做一个“猜数字游戏”或“天气预报查询工具”。AI也可以帮助你将编程知识与其他学科的知识（如数学、科学）结合起来，解决实际问题。

• 答疑解惑。当你对某个Python概念（如循环、函数）感到困惑时，AI可以用简单易懂的语言为你解释。它也能根据你的学习进度，推荐适合你的练习题，帮助你巩固知识。通过分析你的练习结果，AI可以发现你的薄弱环节，并给出改进建议。

• 拓展课外知识。AI可以和你讨论编程相关的有趣话题，比如，“Python有哪些好玩的库？”或者“编程在日常生活中有哪些应用？”如果你对某个主题感兴趣，AI可以为你推荐相关的学习资源，如教程、视频或书籍。

当然，你也可以用豆包、DeepSeek、腾讯元宝等AI大模型工具替代AI助手，通过本书提供的提示词也能实现与AI助手一样的效果。

利用人工智能（AI）的注意事项

1.有效使用AI

尽量详细地描述你的问题。例如，不要只问“为什么代码不工作”，而是提供具体的错误信息和代码片段。

错误示例：“为什么代码不工作？”

正确示例：“当输入负数时，这个计算个人BMI的函数返回了异常值，以下是相关代码片段……”

如果AI的回答不够清楚，可以进一步追问。例如：“能不能再解释一下这个概念？”当然，你需要对AI提供的解决方案保持批判性思维，尝试自己理解并验证是否正确。在学习中，你可以将AI对话中的重要知识点，以及你的理解和收获整理到你的学习笔记中，定期回顾这些笔记，看看自己在哪些方面取得了进步，哪些方面还需要加强。

2.学习提示

请记住，AI工具是用来“辅助”学习的，而不是“代替”学习的。编程的核心能力——逻辑思维、问题分析、算法设计、创造性解决方案——都需要你自己通过亲手编写、调试、思考才能真正掌握。AI就像学骑车时的“辅助轮”，帮你更快地上手，但最终的目标是让你能独立、自信地“飞驰”！使用时务必要做到以下几点。

勤动手：光靠AI生成代码是学不会的！务必自己亲自编写代码。

多思考：理解AI给出的解释或代码背后的原理，知其然，更要知其所以然。

敢提问：对AI的解释或答案有疑问？大胆地去查资料、问老师，培养批判性思维。

重实践：学习编程的最高境界是“做出来”！多完成小项目，把知识用起来。

扫码获取
本书配套资源

第2章 Python入门知识

2.1 超市结算系统——输入、输出与变量

任务中心

当我们去超市购物，到收银台结账后都能拿到一张结算小票，为什么小票上能够记住我们所购买的各个商品的信息呢？通过学习Python中输入和输出命令的使用，以及变量的定义，我们可以设计一个简单的超市结算系统，跟着AI助手一起来探秘小票中的秘密吧。

任务解码站

1.了解变量的定义。

2.掌握input()和print()的基本用法。

3.简单了解数据类型的转换。

4.了解f-string字符串格式化工具和\n转义字符。

单词剧场

input	print	total	price
/ ˈɪnpʊt /	/ prɪnt /	/ ˈtəʊtl /	/ praɪs /
输入	输出	总计	价格

代码探秘

想象一下你去餐厅吃饭，菜单上有很多美食，你将想吃的美食告诉了服

务员，服务员将你所点的菜单交给了厨师，厨师拿到顾客所点的菜单后，做好热气腾腾的菜，服务员将菜端到你面前。

在这个案例中，向服务员点菜就像程序中的“输入”，而厨师把菜做好是“处理”。服务员上菜就像程序中的“输出”。

也就是说，输入就是程序接收外部信息（如键盘输入、读文件）；处理就是加工这些消息；输出就是程序对外展示结果（如屏幕显示、存文件、播放声音）。

AI加油站

生活中还有哪些输入、输出的案例？试着问问AI助手吧，你可以提问：“我是一名×年级的学生，初学Python，请你告诉我生活中还有哪些地方体现了Python的输入和输出？”

1.打印简易小票

在Python中，print()可以用来显示超市名称、商品名称、价格等。当我们输出文字时，需要在括号中添加双引号（" "）或单引号（' '）。执行下面的代码，通过输出文字，“打印”了一张超市结算小票。

小禾敲黑板

Python的语法符号（如引号、逗号、运算符、括号等）必须使用英文半角符号。如果使用中文标点符号，Python并不能识别出来，因此会报错（SyntaxError）。同时海龟编辑器也会提醒用户别写错标点符号。

动脑想一想

在超市购物时，商品的价格都是自动计算的。例如，圆珠笔单价是2元，购买3支的价格应该是6元（2×3=6）。那么在Python中如何做到这一点呢？

2.变量的运用

如果你有一个存钱罐，平时会把零花钱（纸币或硬币）放进去，存钱罐的总金额会随着每次存取不断变化。为了更方便地记录和管理存取过程，我们可以给存钱罐起一个名字，比如“小猪”——在Python里，这样的名字就叫作变量，它的作用是装一个具体的数据（比如总金额）。

在生活中，还有很多变量例子。比如，超市里的商品价格会变动。用变量apple_price表示苹果的价格，初始设为3元/个（apple_price = 3）；到了丰收季，苹果降价，这个变量的值就会更新为2元/个（apple_price = 2）；无论价格如何变化，变量apple_price始终指向当前最新的价格。

事实上，变量就是用于存储变化的数据的“容器”。

在Python中使用变量时，需要遵守一些规则和指南，否则将引发错误。

① 变量名只能由字母、数字、下划线组成。

② 变量名不能以数字开头。

③ 变量名不能包含空格。

④ 变量名对大小写敏感，例如price和Price是不同的变量。

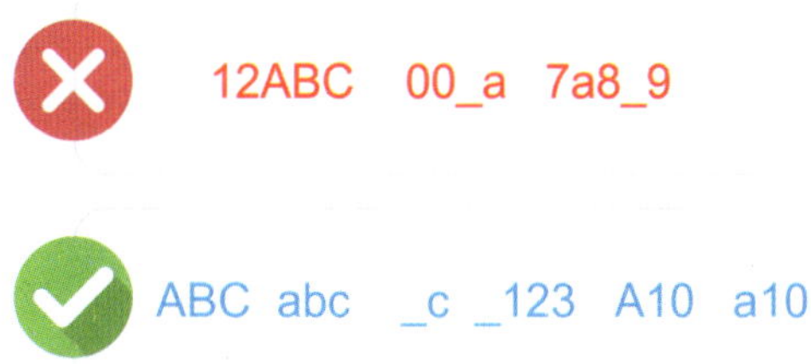

学会了定义变量之后，就可以将商品的价格信息添加到超市结算系统中了。设置变量apple = 3、banana = 2，这称为赋值。

```
#定义了苹果和香蕉的变量，用于存储这两个商品的价格
apple = 3
banana = 2
```

Bug研究所

当我们定义错误的变量时，在海龟编辑器中会出现一条红线，提醒我们存在错误。

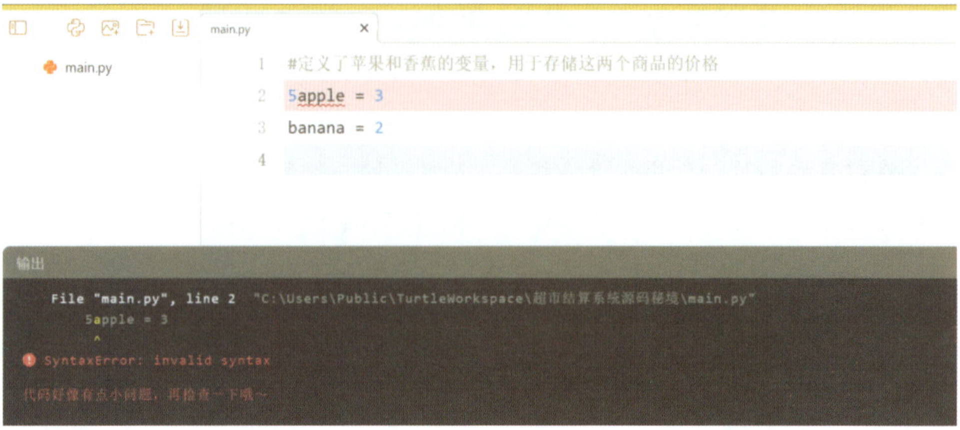

AI加油站

有没有什么口诀能够牢记变量的命名规则？不如问问AI助手吧！打开智能体，输入："我刚刚学习了Python中的变量，有什么口诀能够牢记变量的命名规则？"

在Python中，关键字是语言本身保留的具有特定语法功能的单词（例如if、for、class等），不能用作变量名，Python 3.12的关键字共36个。关键字列表详见附录中的E Python关键词。

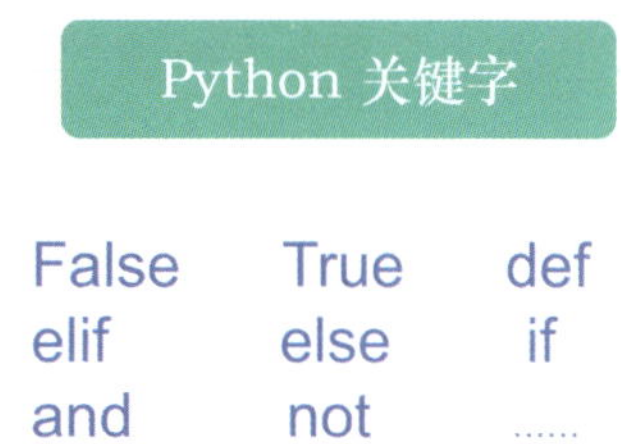

给商品设定好价格之后，可以将设定好的价格输出，让顾客看到这个商品的价格，这时就要使用print()函数。如果既输出了文字，又输出了变量或者数字，它们之间要用英文状态下的","（逗号）隔开。

```
apple = 3
banana = 2
#输出苹果和香蕉的价格信息
print('apple的价格是',apple,'元1个')
print('banana的价格是',banana,'元1根')
```

程序运行结果如下。

```
apple的价格是3元1个
banana的价格是2元1根
```

动脑想一想

如果在banana = 2代码后面再加一行apple = 4，这个时候苹果的价格还会是3元1个吗？不妨想一想，将你想到的答案跟AI助手交流一下吧！

AI加油站

print()函数除了可以输出文字和变量、数字，还能输出什么？不如问问AI助手吧！打开智能体，输入："我是一个×年级的学生，我刚刚学习了Python中的print()函数，它除了能够输出文字、变量、数字，还能输出什么？请你告诉我吧。"

3. input函数的运用

当顾客选好商品，系统显示价格后，问题来了——顾客购买多少是需要他们自己输入的，这时候结算系统需要主动"询问"并接收用户输入的数据。

在Python中，这个"询问并接收"的动作可以用input()函数实现。它的作用是等待用户在键盘上输入内容，并把输入的数据拿回来。不过，只接收数据还不够，我们需要用变量把用户输入的"购买数量"存起来，方便后续计算总价。

举个例子：假设顾客要买苹果和香蕉，我们可以提前准备两个变量num1和num2，分别存储用户输入的苹果数量和香蕉数量。具体操作时，用input()函数"问"用户输入，再用变量"装"结果。

需要注意的是，input()函数括号里面最好加上提示信息，告诉用户，我要输入的内容是什么，这样能够更加清晰地填写信息。

```
apple = 3
banana = 2
print('apple的价格是',apple,'元1个')
print('banana的价格是',banana,'元1根')
#让用户输入购买苹果的数量和香蕉的数量
num1 = input("请输入购买apple数量：")
num2 = input("请输入购买banana数量：")
```

程序运行结果如下。

```
apple的价格是3元1个
banana的价格是2元1根
请输入购买apple数量：5
请输入购买banana数量：6
```

接下来，有了商品的价格和购买的数量，我们就可以做一个简单的数学题，去计算购物的总价格了。变量是可以进行数学运算的，现在变量apple代表苹果的价格，num1代表苹果的数量，那么苹果的总价就是apple*num1。

```
apple = 3
banana = 2
print('apple的价格是',apple,'元1个')
print('banana的价格是',banana,'元1根')
num1 = input("请输入购买apple数量：")
num2 = input("请输入购买banana数量：")
# 计算苹果价格
a = num1 * apple
# 计算香蕉价格
b = num2 * banana
# 总价
total = a + b
print("总价为：",total)
```

程序运行结果如下。

```
apple的价格是3元1个
banana的价格是2元1根
请输入购买apple数量：5
请输入购买banana数量：6
总价为：55566
```

好像哪里有点儿不对，总价应该是：3×5+2×6=27元。怎么会变成了55566呢？难道说计算机算错了？其实是input()在捣鬼。

因为从键盘接收的信息很杂乱，可能有键盘上的标点符号，也可能有键盘上的英文字母，还有可能是键盘上的数字，甚至是在中文输入法状态下输入的文字。为了统一标准，input()函数将这些信息统一成了一种类型——字符串类型，而字符串类型的数据是没有办法按照日常生活中的数学逻辑去进行数学运算的，它只能进行拼接。

因此，我们要将输入的字符串类型的数字转换成真正可用于数学逻辑计算的数字，这个时候就可以尝试把num1、num2放入float()中，这样就能将字符串类型的数据转换成数字了。

下面的代码中用变量*a*代表苹果的总价，用变量*b*代表香蕉的总价，用变量total代表最终的价格。

```
apple = 3
banana = 2
print('apple的价格是',apple,'元1个')
print('banana的价格是',banana,'元1根')
num1 = input("请输入购买apple数量：")
num2 = input("请输入购买banana数量：")
# 计算苹果价格，并将其转换成浮点数用于数学计算
a = float(num1) * apple
# 计算香蕉价格，并将其转换成浮点数用于数学计算
b = float(num2) * banana
# 总价
total = a + b
print("商品总价为:",total)
```

程序运行结果如下。

```
apple的价格是3元1个
banana的价格是2元1根
请输入购买apple数量：5
请输入购买banana数量：6
商品总价为：27.0
```

AI加油站

在使用input()函数的过程中，还有哪些需要我们注意的吗？不如问问AI助手吧！打开智能体，输入："我刚刚学习了Python中的input()函数，它在使用的过程中有哪些需要我们注意的吗？请你告诉我吧。"

4. f-string字符串格式化

我们在使用print()函数的时候，如果要混合着输出多个字符串或变量、数字，需要用逗号隔开，非常麻烦，而且还容易出错。

这时可以使用f-string字符串格式化工具。只需在要输出的内容前面加一个字母f，并且将变量放进{ }，就可以让字符串和变量或者数字连贯起来了。基本格式如下。

```
f"字符串内容{变量}"
```

下面使用f-string字符串格式化工具来完成最后的购物小票的打印输出。

```
#上述代码已省略
print("小禾百货商店")
print("====购物小票====")
print(f"apple{num1}个,{a}元")
print(f"banana{num2}个,{b}元")
print(f"总价：￥{total}")
print("===============")
```

程序运行结果如下。

```
apple的价格是3元1个
banana的价格是2元1根
请输入购买apple数量：5
请输入购买banana数量：6
小禾百货商店
====购物小票====
apple5个,15.0元
banana6个,12.0元
总价：￥27.0
===============
```

动手试一试

尝试将print ('apple的价格是', apple, '元1个')和print ('banana的价格是', banana, '元1根') 这两个语句使用f-string输出。

5.知识拓展

（1）换行符

\n是Python中的换行符，它能在字符串中创建新行，就像在文档中输入文字时按Enter键一样，通过在文字中添加换行符来控制程序输出的排版布局。灵活地使用\n，可以让输出更加美观。

下面的代码使用换行符输出了唐代诗人李白的《静夜思》。

```
poem = "床前明月光,\n疑是地上霜。\n举头望明月,\n低头思故乡。"
print(poem)
```

程序运行结果如下。

```
床前明月光,
疑是地上霜。
```

举头望明月，

低头思故乡。

（2）字符串格式化

使用f-string字符串格式化工具时，不仅可以在{ }内添加变量，还可以添加任意有效的Python表达式，如运算、函数等。

尝试将前面计算最终价格的方式改为$a + b$吧。

```
print(f"总价：￥{a + b}")
```

源码秘境

扫码看视频

下面这段代码实现了一个简易的超市结算系统，它支持输入购买商品的数量，输出包含价格明细和总价的简易小票。

```
apple = 3
banana = 2
print("apple的价格是",apple,"元1个")
print("banana的价格是",banana,"元1个"
num1 = input("购买apple数量：")
num2 = input("购买banana数量：")
# 计算苹果价格
a = float(num1) * 3
# 计算香蕉价格
b = float(num2) * 2
# 总价
total = a + b
# 打印小票
print("小禾百货商店")
print("====购物小票====")
print(f"apple{num1}个,{a}元")
print(f"banana{num2}个,{b}元")
print(f"总价：￥{total}")
print("===============")
```

试炼工坊

1.【单选题】下面哪个变量的命名是正确的？（ ）

A. 123Abc　　B. _a　　C. 7a_u　　D. 00_e

2.【单选题】下面哪个函数可以正确输出“你好，小禾”？（ ）

A. input（你好，小禾）　　B. input（“你好，小禾”）

C. print（你好，小禾）　　D. print（“你好，小禾”）

3.【判断题】print（Hello computer!）语句中能否成功输出内容？（ ）

AI加油站

让AI助手来考考你吧，你可以将本节的代码粘贴给它，并提出要求：“我是一名初学者，请你根据本节的作品考考我吧！出几道选择题、判断题，并标注星级难度！我将按顺序发给你答案，请你解析相关知识点，根据我的回答分析我的学习效果并给出建议。”

码上行动

参考“源码秘境”完成“个人信息卡片”的制作——通过刚才学习的函数，编写一个输入姓名、年龄、爱好等信息即可快速生成一张个人信息卡片的程序。

扫码看视频

AI加油站

完成编程任务啦？让AI助手打打分吧！把代码粘贴给AI并提问：“请你评价我的代码质量，并给出改进建议！”

创意工坊

1.创意大师

制作一个“简单的运动卡路里计算器”，可以根据用户输入的运动项目和时长，计算并显示消耗的卡路里，帮助用户更直观地了解自己的运动消耗。

```python
#获取用户输入的运动项目
sport = input("请输入运动项目(如跳绳/跑步/游泳):")
#获取用户输入的运动时长(分钟)
minutes = input("运动时长(分钟):")
#热量计算(以8大卡/分钟为基准)将分钟数转换为浮点型
calories =float(minutes)*8
#输出运动项目
print(f"\n运动项目:{sport}")
#输出运动时长
print(f"\n持续时间:{minutes}分钟")
#计算并输出消耗的卡路里
print(f"\n消耗热量:{calories}大卡")
```

2. AI互动

试试向AI提出以下问题。

“我学习了输入、输出函数及变量等知识，你能制作一个‘单词记录单’程序吗？并告诉我每段代码的作用。”

“只用标点符号可以输出一些好看的图案吗？请输出一些给我看看吧。”

“当用户直接按Enter键时，input()得到的是空字符串，这会导致什么？如何处理呢？”

3.灵感笔记

我想用这节课学到的知识做________________________________

遇到的困难是________________________________

需要AI帮我解决________________________________

编程超能力

恭喜你完成输入、输出、变量相关知识的学习，快把新学的代码用法、好玩的项目创意、容易出错的地方记下来！也可以通过画思维导图梳理思路，帮知识牢牢“住”进大脑，以后编程就更厉害啦！

AI加油站

在学习之余想放松一下？快来和AI助手聊聊一些趣味话题吧！试试提问：“对初学者来说，有什么办法能够更好地帮助我去学习编程呢？现在AI能做的事情这么多，我们还需要去学习吗？”

2.2 密码生成器——数据类型及转换

任务中心

在数字化时代，密码就像一把无形的钥匙，守护着每个人的个人信息、社交账号和网络隐私。从购物支付到登录学习平台，每一个密码都承载着安全与便捷的双重使命。你是否想过，如何用自己的专属信息，亲手打造一把独一无二的“安全钥匙”？

任务解码站

1.了解字符串的输入与基本操作、索引、切片。

2.掌握数字类型（整数、浮点数）及其基本运算。

3.学习数据类型转换方法及其应用场景。

4.了解布尔值数据类型。

单词剧场

float	bool	int	string
/ floʊt /	/ bʊl /	/ ɪnt /	/ strɪŋ /
浮动；浮点数	布尔	整数	字符串；一串

代码探秘

在日常生活中，微信、QQ、游戏账号登录，以及学习平台、手机支付等很多软件的使用都需要设置密码。不少人使用生日、姓名、手机号、身份证号后几位作为密码，也有人使用123456等简单的数字作为密码，抑或微信、QQ、邮箱都用同一个密码。这都是设置密码的“安全红线”。

密码是“数字时代的门锁”——锁不好，不仅隐私会被泄露，甚至财产也会遭受损失！想要设置高强度密码，需要遵守以下3个原则。

- 长：至少8位（建议10～12位），越长越难破解。
- 杂：包含4类字符中的至少3类（小写字母、大写字母、数字、符号）。
- 藏：不直接用隐私信息（生日、姓名），而是“变形”后隐藏。

本节将带你践行这些原则，为你生成既好记又安全的密码。

1.认识数据类型

在图书馆里，人们通常会将图书分成故事类、科普类、艺术类、运动类等，Python中的数据也要进行分类，只有通过分类，Python才知道每个数据的“身份”，才能决定是计算它、展示它还是判断它。

int代表整数，如1、2、3等；float代表浮点数（小数），如3.14、1.45等；string代表字符串，即由字母、数字、符号组成的文字信息，必须用单引号''或者双引号""包起来；bool代表了True和False两种状态，就像日常生活中的开关，要么断开，要么闭合。

数据类型	代码标识	生活案例
整数	int	年龄：12岁
浮点数	float	体重：35.1kg
字符串	str	密码："cake123"
布尔值	bool	灯亮了吗 亮（True）、 灭（False）

2.字符串的输入与基本操作

在生成密码之前，我们需要知道用户的姓名、年龄、爱好等个人信息，这个时候就要借助input()函数进行输入。

input()函数用于将通过键盘接收的数据转换成字符串类型，并且存放到我们声明的变量中。如name = input("请输入姓名拼音，如zhangsan: ") 表示将用户输入的信息转换成字符串类型并存放到name这个变量中。

```
print("简易密码生成器")
# 获取输入数据
name = input("请输入姓名拼音，如zhangsan: ")
age = input("年龄: ")
weight = input("体重（kg）: ")
lucky = input("幸运数字（整数）: ")
hobby = input("爱好（英文单词）: ")
```

AI加油站

我们在输入自己的一些个人信息时需要注意什么吗？不如问问AI助手吧！打开智能体，输入“我是一名×年级的学生，我在网络上输入一些个人信息的时候，需要注意什么？”根据AI助手的帮助，了解网络个人信息安全吧！

动脑想一想

在上述案例中，在name = input（"请输入姓名拼音，如zhangsan: "）这一行代码中，input()函数里面的提示语，是什么数据类型呢？将你思考的结果和AI助手交流一下吧！

3.数字密码设计

密码的数字部分由年龄、体重、幸运数字构成。当用户输入信息之后，我们要将数字部分相加，变成密码的数字部分，但是要注意的是，input()函数接收的是字符串数据类型，即使用户输入的是数字，这个时候进行相加，就变成了字符串的相加了，例如：“1”+“2”=“12”，因此我们要进行数据类型转换——将字符串变成整数或者浮点数。

将对应的变量放入int()或者float()，我们就能将用户输入的数字字符串变成整数或者小数。如int(age)，就是将年龄这个字符串变量变成了整数变量，而float则被转换成浮点数。

```
print("简易密码生成器")
name = input("请输入姓名拼音，如zhangsan: ")
age = input("年龄: ")
weight = input("体重（kg）: ")
lucky = input("幸运数字（整数）: ")
hobby = input("爱好（英文单词）: ")
# 密码的数字部分（各数值相加）
number = int(age) + float(weight) + int(lucky)
print("您密码的数字部分是：",number)
```

程序运行结果如下。

```
简易密码生成器
请输入姓名拼音，如zhangsan：zhangsan
年龄：12
体重（kg）：35
幸运数字（整数）：8
爱好（英文单词）：sing
您的数字部分密码为：55.0
```

Bug研究所

需要注意的是，只有数字和数字才能进行数学中的加、减、乘、除等运算。如果数字和字符串进行加减运算（如1+“1”）则会报错哟（TypeError: can only concatenate str (not "int") to str）。

在刚刚的案例中，用户输入了年龄：12，体重：35，幸运数字：8，我们将这3个数据分别转换成了整数、浮点数、整数，然后进行相加，变成了12+35.0+8，最后得到了55.0这个数字密码，如果不进行数据类型转换，那么最终就会变成“12”+“35”+“8”=“12358”。

AI加油站

我们在进行数据类型转换的时候需要注意什么呢？不如问问AI助手吧！打开智能体，输入：“我是一名×年级的学生，在Python中进行数据类型转换需要注意什么呢？”

4.字母密码设计

密码英文部分的生成要用到字符串的索引、大小写等知识，下面一个个来解决。

（1）字符串的索引

字符串的索引就像给字符串中的每个元素加了一个数字标签，当你想找到这个字符串中的某一个元素时，只需要找到它对应的数字标签即可，这个数字标签称为索引。

正向索引从左到右，从0开始，依次递增。例如，字符串"Python"的正向索引如下。

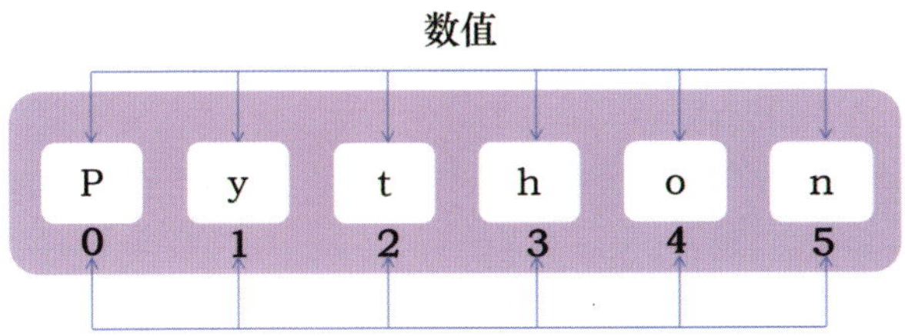

反向索引从右到左，从-1开始，依次递减，表示从字符串末尾开始倒数。例如，字符串"Python"的反向索引如下。

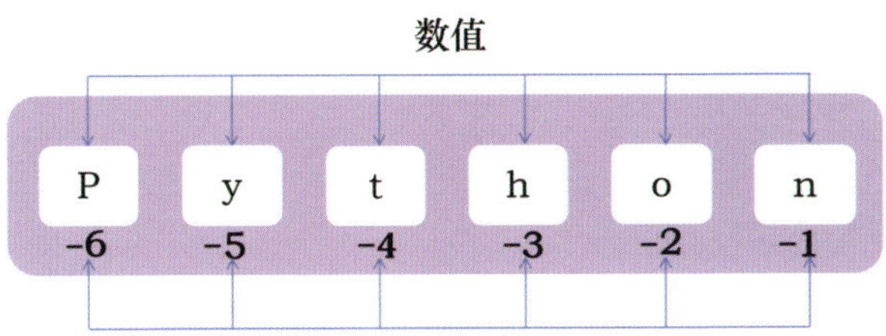

把“Python”这个字符串存储到变量name中，如果想输出元素P，那么可以找到元素P的索引，输入print (name[0])或者print (name[-6])，都可以将其输出。通过索引输出字符串中的某个元素的语法为：print (变量名[索引])。

（2）字符串的大小写

设置字符串的大小写需要使用upper()函数和lower()函数。upper()函数用于将字符串中的某个元素或者某一串元素变成大写，而lower()函数则用于将字符串中的某个元素或者某一串元素变成小写。

如name = "Python"这一串字符串，如果要将第一个字母P变成小写p，只需要找到字母P的索引，即name[0]或name[-6]，然后调用upper()函数即可，最终的语句是:name[0].upper()。将字母变成小写，则将upper()函数变成lower()函数即可。

```
print("简易密码生成器")
name = input("请输入姓名拼音，如zhangsan: ")
age = input("年龄: ")
weight = input("体重（kg）: ")
lucky = input("幸运数字（整数）: ")
hobby = input("爱好（英文单词）: ")
number = int(age) + float(weight) + int(lucky)
# 密码的英文部分（姓名和爱好的首尾字母，首字母大写，尾字母小写）
n1 = name[0].upper()
n2 = name[-1].lower()
h1 = hobby[0].upper()
h2 = hobby[-1].lower()
letter = n1 + n2 + h1 + h2
print("您密码的数字部分是: ",letter)
```

程序运行结果如下。

简易密码生成器

请输入姓名拼音，如zhangsan：zhangsan

年龄：12

体重（kg）：35

幸运数字（整数）：8

爱好（英文单词）：sing

您的数字部分密码为：55.0

您的英文部分密码为：ZnSg

最后，将数字部分密码和英文部分密码拼接起来即可。需要注意的是，此时数字部分的密码是数字类型，而英文部分的密码是字符串类型，要想把它们拼接起来，还得将数字部分的密码转换成字符串类型。聪明的你肯定已经猜到了——使用str来进行类型转换，使用str(number)语句就能将number变量中的数字类型转换成字符串类型。

```
# 最终密码（字母+数字）
password = letter + str(number)
print(f"您的密码是{password}")
```

程序运行结果如下。

您的密码是ZnSg55.0

5.知识拓展

（1）布尔值数据类型

布尔值（bool）是专用于逻辑判断的数据类型，它只包含两个值：True

（真）和False（假）。在Python中，人们经常使用它来进行条件判断。在很多大型程序中，依靠无数个True/False来判断执行哪一部分代码。在后续的学习中，我们会慢慢介绍它，下面先简单了解一下。

下面这个代码演示了2大于1这个逻辑是对的（真的），所以会输出一个True的结果。

```
print(2>1)
```

程序运行结果如下。

True

动手试一试

想想看，print（2<1）应该会输出什么结果，然后试着输出一下，看看和你的猜想是否一致。

（2）字符串的切片操作

通过上面的介绍大家应该已经了解了，想要单独找到字符串中的某个元素，可以通过索引来查找，那么如果我想要这个字符串中的某个片段该怎么办呢？这个时候就需要使用字符串中的切片操作。

切片就像从一根长的香肠里面切出某一片香肠一样，从字符串数据中选取某一段数据。

切片的基本格式如下。

```
s[start:end:step]
```

s：原字符串（如"Python"）。

start：起始索引（从0开始计数，若省略则默认从0开始）。

end：结束索引（不包含该位置的字符，若省略则默认到字符串末尾）。

step：步长（每次跳过的字符数，默认是1；若为负数，则反向切片）。

例如：s = "Python"，将"thon"这4个字母提取出来的语句就是name[2:6]，然后用print()函数输出即可。

AI加油站

字符串的切片操作还有需要注意的事项吗？不如问问AI助手吧。打开智能体，输入：“我是一名×年级的学生，我刚刚学习了字符串中的切片操作，请你告诉我字符串的切片操作有哪些需要注意的地方？”

源码秘境

扫码看视频

下面这段代码实现了一个简易密码生成器，允许用户输入相关个人信息，生成一个个性与安全兼具的密码。

```
print("简易密码生成器")
# 1. 获取输入数据
name = input("请输入姓名拼音，如zhangsan: ")
age = input("年龄: ")
weight = input("体重（kg）: ")
lucky = input("幸运数字（整数）: ")
hobby = input("爱好（英文单词）: ")
# 2.密码的数字部分（各数值相加）
number = int(age) + float(weight) + int(lucky)
# 3.密码的英文部分（姓名和爱好的首尾字母，首字母大写，尾字母小写）
n1 = name[0].upper()
n2 = name[-1].lower()
h1 = hobby[0].upper()
h2 = hobby[-1].lower()
letter = n1 + n2 + h1 + h2
# 4.最终密码（字母+数字）
password = letter + str(number)
print(f"您的密码是{password}")
```

试炼工坊

1.【选择题】以下代码的输出结果是（　　）。

```
s="HelloWorld"
print(s[2:5])
```

A. llo　　B. lloW　　C. ell　　D. loWo

2.【选择题】以下代码的输出结果是（　　）。

```
num_str = "3.14"
result = int(float(num_str)) + 5
print(result)
```

A. 8　　B. 8.14　　C.报错　　D. 3.145

3.【选择题】以下选项中，转换为布尔值后为False的是（　　）。

A. bool(-1)　　B. bool("0")　　C. bool(0.0)　　D. bool(" ")

4.【选择题】字符串s="Python"中，最后一个字符的索引是（　）。

A. 5　　B. –0　　C. –1　　D. 6

AI加油站

想做更多练习吗？让AI助手考考你吧，你可以把本节课的代码粘贴过来并提问："请你根据代码的有关知识点出几道选择题、判断题，并标注星级难度！我将按顺序发给你答案，请你解析相关知识点，根据我的回答分析我的学习效果并给出建议。"

码上行动

觉得生成的密码太简单了？不如尝试修改代码，将姓和名分开，把姓氏的首尾字母和名字的首尾字母提取出来，再加上爱好的全部内容，一起合并成新的密码英文部分，最后将英文部分放前面，数字部分放后面，形成一个新的密码吧。

扫码看视频

AI加油站

完成编程任务啦？让AI助手打打分吧！把代码粘贴给AI并提问："请你评价我的代码质量，并给出改进建议！"

创意工坊

1.创意大师

本节设计了密码生成器，已经将这些看似抽象的知识点转化成了解决实际问题的钥匙。通过本节介绍的知识点你还可以创造更多有趣的作品，例如，运动能量计算器、简易旅行计划生成器、实验数据计算器等。下面的代码设计的是一个运动热量计算器，你可以尝试将它编写来计算自己的运动热量。

```
print("运动热量计算器")
time = float(input("散步时长(分钟): "))
step = float(input("步长(米): "))
weight = float(input("体重(千克): "))
# 计算行走总里程(千米)
steps = time * 80  # 假设步频为80步/分钟
distance = (steps * step) / 1000  # 米转千米
# 计算热量消耗(大卡)
# 公式: MET值(步行约3.0) × 体重kg × 时间小时
calorie = 3.0 * weight * (time / 60)
print("计算结果")
print(f"行走距离: {distance:.1f}千米")
print(f"热量消耗: {calorie:.1f}大卡")
```

2. AI互动

将你的作品发给AI助手，并试试向它提出以下问题。

“能用整数运算解决数学应用题吗？比如：输入长方形长和宽（浮点数），计算面积和周长，输出结果带单位（m^2和m）。写出完整代码并解释为什么要用float()转换输入值。”

“能用刚学的数字运算和字符串帮我做个‘零花钱记账器’吗？要求：记录本月零花钱、支出项目（买书/零食等）、每次金额，最后显示总支出和余额。写出基础代码并解释怎么用字符串存储项目名称。”

“Python对话语句还能解决什么生活或者学习问题？有没有创意玩法？请列举几个趣味场景。”

3.灵感笔记

我想用本节所学知识做____________________

遇到的困难是____________________

需要AI帮我解决____________________

编程超能力

恭喜你完成数据类型相关知识的学习。快把新学的代码用法、好玩的项目创意、容易出错的地方记下来吧！也可以画思维导图梳理思路，帮知识牢牢“住”进大脑，以后编程就更厉害啦！

AI加油站

编程玩累了？来闲聊一会儿吧，你可以问问AI助手：“为什么我们在网上不能用真实生日/姓名作为密码？你觉得什么样的密码才是安全又好记的？”

2.3 幸运满减活动——随机数、运算符与异常处理

任务中心

打开手机购物App，“满200减30”“随机立减10～50元”的红色标签总

让人忍不住下单——你有没有想过，这些眼花缭乱的优惠活动背后，藏着怎样的编程逻辑？当系统自动计算“满减+随机立减”的叠加优惠时，背后的程序正在幕后忙碌。本节就从这些大家熟悉的购物场景出发，揭秘那些让你“剁手”的满减活动究竟如何灵活地处理每一笔订单。

任务解码站

1.了解try-except错误处理结构，学会处理异常情况。

2.掌握使用random模块生成随机数的方法。

3.了解基本的算术运算符、复合赋值运算符的使用。

单词剧场

exit	except	discount	random
/ˈeksɪt/	/ɪkˈsept/	/ˈdɪskaʊnt/	/ˈrændəm/
出口；退出	除……外	折扣	随机的

代码探秘

1.计算商品总价

现在需要计算商品的总价（单价×数量）。下面这段代码用input( )获取用户输入的商品单价和购买数量，用float( )和int( )将字符转换为数字，再通过乘法计算出总价。

```
price = float(input("请输入商品单价(元)："))
num = int(input("请输入购买数量："))
total = price * num
print("原价：", total)
```

程序运行结果如下。

```
请输入商品单价(元)：50
请输入购买数量：2
原价：100.0
```

看似简单的几步，却藏着一个致命漏洞：如果用户不小心输入了字母或符号，会出现什么问题？比如，在单价处输入“五十”，程序会立刻报错崩溃，抛出ValueError，因为float("五十")无法被转换为数字。

Bug研究所

当出现异常输入时，程序运行结果如下。

```
请输入商品单价(元)：五十
Traceback (most recent call last):
File "main.py", line 1
    price = float(input("请输入商品单价(元):"))
ValueError: could not convert string to float: '五十'
```

根据程序报错信息，错误发生在代码的第1行，ValueError错误表示收到了不合适的值，常见于字符串转数字时包含非数字字符：例如int("12.3")或int("abc")

在前面的章节中，相信你也遇到了程序出错的情况，例如，当需要一个年龄“11”进行计算时却输入了一个汉字“十一”，程序处理不了汉字，就会报错ValueError。

为了避免出现这种错误，可以对输入的数据进行验证，或者对可能的异常情况进行处理。在Python编程中，在程序执行过程中遇到无法正常处理的错误时，会触发“异常”（Exception）。异常处理机制通过try-except结构可以实现对程序运行时错误的捕获与处理，使程序具备“检测—捕获—处理异常”的能力。基本的格式如下。

```python
try:
    # 可能会出现错误的代码
    price = float(input("请输入商品单价(元)："))
    num = int(input("请输入购买数量："))
except:
    # 异常处理逻辑
    print("输入有误，请检查！")
    # 退出程序
    exit()
# 计算总价
total = price * num
print("原价：", total)
```

程序运行结果如下。

```
请输入商品单价(元)：五十
```

```
输入有误，请检查!
```

当try内的代码正常执行时，except块被跳过；

若try内某行代码抛出异常（如ValueError），则程序立即中断当前执行，跳转到except内处理错误；异常处理完成后，程序继续执行except块之后的代码，或直接退出。

小禾敲黑板

exit()在Python中的作用是立即终止整个程序的执行。注意：在实际使用时，应优先处理异常而非直接退出程序。

2.满减优惠

在电商平台的促销中，“每满200元减30元”是常用的优惠策略。例如，当消费为380元时，可优惠30元。例如，当消费为400元时，可优惠60元。所以你需要知道你的消费总额包含几个200元。Python用“//”符号来完成这个任务，它叫整除，和我们学的数学中的除法有点不一样。

运　算	符　号	例　子	Python 结果
除法	/	7 ÷ 2	3.5
整除	//	7 // 2	只取整数部分：3

动脑想一想

当消费金额达到599元时能获得多少优惠？

继续编写代码。定义变量discount为满减优惠额度，用总价total整除200即可计算总价中有几个200元，再乘以30即可计算满减优惠。

```
# 每满200元减30元
discount = (total // 200) * 30
```

为了加大促销力度，吸引更多的顾客，一些电商平台、外卖平台还设置了“膨胀红包”——在现有满减优惠的基础上再随机“膨胀”优惠。例如，消费200元，可以获得30元优惠，现在让优惠比原来膨胀了20%（30+30×0.2=36），那么30元优惠就“膨胀”为36元。

在掷骰子时，当你掷出骰子后会随机得到一个数字。在Python中也有一个这样的“骰子”。为了实现随机膨胀的效果，需要使用Python中的random 模块。它是一个可以生成随机数的工具。你可把它想象成为一个“空白骰子”，上面的数字需要我们自己去填写。

在使用该模块时，需要在第一行导入该模块。

```
import random
```

AI加油站

什么是模块？在后边的课程中你还会逐渐学习使用更多的模块，如果你现在想知道，不妨问问AI助手吧。你可以提问：“我是一个Python初学者，我想知道在Python中，什么是模块？有哪些种类？有什么作用？请你用有趣的方式详细地讲一讲。”

下表中列出了4个random模块的常用方法，可以随机生成小数和整数或者随机选择。为了实现“满减膨胀”的效果，我们需要生成一个能在我们控制范围内的小数。

方　法	功能描述	例　子
random.random( )	生成0到1的随机小数（如0.732）	*x* = random.random( )
random.uniform(*a*, *b*)	生成*a*到*b*的随机小数（含*a*和*b*）	*x* = random.uniform(0.1, 0.3)
random.randint(*a*, *b*)	生成*a*到*b*的随机整数（含*a*和*b*）	*x* = random.randint(1, 10)
random.choice( )	从一个非空序列中随机选择一个元素	*x* = random.choice(“ABC”)

使用random.uniform(0.1, 0.3)随机生成一个0.1～0.3范围的小数。使用满减优惠discount1乘以这个小数，就得到了“膨胀”的金额*x*。二者叠加即可计算出“膨胀”后的优惠金额。

```
# 计算满减优惠的0.1至0.3倍
x = discount * random.uniform(0.1,0.3)
# 叠加优惠
discount = discount + x
```

上述代码可以简化为一行代码，即使用“+=”这个复合赋值运算符。这是Python语法中非常实用且简洁的工具，核心作用是以更简洁的方式修改变量值。

```
# 计算满减优惠比原来膨胀了0.1至0.3并叠加
discount += discount * random.uniform(0.1,0.3)
```

下面是几个常见的复合赋值运算符。以*a*+=*b*为例，运行程序后先计算右侧$a+b$，再赋值给左侧的变量a。

符　　号	使　　用	等价写法
+=	a += b	$a = a + b$
−=	a −= b	$a = a - b$
*=	a *= b	$a = a * b$
/=	a /= b	$a = a / b$

AI加油站

对复合赋值运算符有疑问吗？你可以问问AI助手："在Python中，为什么可以把a=a+b写为a+=b？这样做有什么好处？在Python中还有类似的简写吗？"

3.随机抽奖活动

抽奖活动是生活中大家喜闻乐见的优惠措施。抽奖的形式多样，在本作品中，我们设置的抽奖方式是自动抽奖。

继续编写代码。为用户生成一个4位数的随机"抽奖码"，如果抽奖码是奇数就获得奖品，否则没有奖品。

```
# 生成抽奖编码
code = random.randint(1000,9999)
print("抽奖码为：",code)
```

程序运行结果如下。

请输入商品单价（元）：59

请输入购买数量：4

原价：236.0

抽奖码为：6966

那么，如何判断抽奖码是奇数还是偶数呢？只需看这个数除以2有没有余数。在Python中取余运算符"%"可以用来计算除法的余数。

下面以分糖果为例感受"%"的用法。

例　　子	含　　义	结　　果	计　　算
7 % 2	将7个糖果分给2个人	每人得到3个，剩1个	7 % 2 = 1
7 % 9	将7个糖果分给9个人	每人得到0个，剩7个	7 % 9 = 7
2 % 2	将2个糖果分给2个人	每人得到1个，剩0个	2 % 2 = 0
8 % 2	将8个糖果分给2个人	每人得到4个，剩0个	8 % 2 = 0

因此，当抽奖码code % 2的值为1时即获奖，值为0时则不获奖。

```
# 输出中奖结果
print(f"抽中赠品：{code % 2}个")
```

程序运行结果如下。

```
请输入商品单价(元)：69
请输入购买数量：4
原价： 276.0
抽奖码为： 3552
抽中奖品：0个
```

动手试一试

可以直接使用random.randint(0,1)生成0或1来判断是否获得奖品吗？

至此，通过取余运算%2，我们用简单的数学方法实现了抽奖功能，无须复杂的判断。这种“用数学替代逻辑”的编程思维，是解决问题的重要方法。

4.计算支付结果

总支付金额=原价-总优惠。因此，total-= discount等价于total = total-discount。使用"-"×20将字符'-'重复20次，生成长度为20的分隔线，相当于手动输入20个'-'。

```
# 计算需支付金额
total -= discount
print("满减优惠：",discount)
print("-"*20)
print("实付:",total)
```

程序运行结果如下。

```
请输入商品单价（元）：29
请输入购买数量：10
原价：290.0
抽奖码为：3087
抽中奖品：1个
满减优惠：34.67713073512806
--------------------
```

实付：255.32286926487194

注意：现在总价total和优惠折扣discount都是浮点数，而且有很多位小数。在实际的购物结算中，一般只计算到小数点后两位。

下面介绍两种在输出时使用变量的方法。

方法1：print("满减优惠：",discount)

方法2：print(f"满减优惠：{discount}")

在方法2中，{discount}表示将变量discount的值插入字符串。

我们可以使用Python格式化字符串f"满减优惠：{discount:.2f}"并保留两位小数。继续修改代码，你可以看到，现在的代码中多了":.2f"，这是什么意思呢？

```
# 计算需支付金额
total -= discount
print(f"满减优惠：{discount:.2f}")
print("-"*20)
print(f"实付:{total:.2f}")
```

程序运行结果如下。

请输入商品单价（元）：29

请输入购买数量：10

原价：290.0

抽奖码为：5283

抽中奖品：1个

满减优惠：35.29

实付：254.71

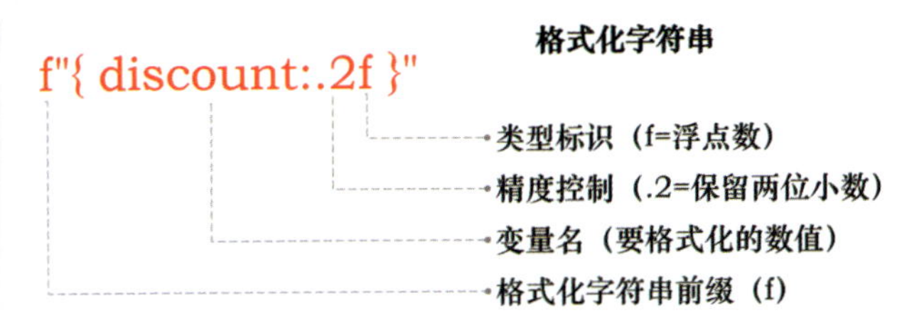

变量或符号	含　义	示例说明
discount	要格式化的变量名	假设值为78.3
:	格式说明符的起始标记	用于分隔变量名与格式化规则
.2	精度控制：保留两位小数	78.3 → 78.30
f	浮点数类型（Float）	指定数值以浮点数格式显示，如78.30

AI加油站

在Python中格式化字符串如{x:.2f}时，是采用“四舍五入”的规则吗？在Python中有哪些保留两位小数的方法？

5.知识拓展

（1）Python编程中的运算符

Python中运算符是执行程序操作的基本符号，就像数学中的加、减、乘、除，主要分为5大类，详情可查看附录A。

<table>
<tr><td colspan="12">算术运算符——处理数字计算</td></tr>
<tr><td>+</td><td>加法</td><td>-</td><td>减法</td><td>*</td><td>乘法</td><td>/</td><td>除法</td><td>//</td><td>整除</td><td>%</td><td>取余</td></tr>
<tr><td colspan="12">比较运算符——判断数据关系</td></tr>
<tr><td>==</td><td>相等</td><td>!=</td><td>不等</td><td>></td><td>大于</td><td><</td><td>小于</td><td>>=</td><td>大于等于</td><td><=</td><td>小于等于</td></tr>
<tr><td colspan="12">逻辑运算符——组合条件判断</td></tr>
<tr><td colspan="2">and</td><td colspan="2">与</td><td colspan="2">or</td><td colspan="2">或</td><td colspan="2">not</td><td colspan="2">非</td></tr>
<tr><td colspan="12">赋值运算符——存储数据结果</td></tr>
<tr><td colspan="2">=</td><td colspan="2">赋值</td><td colspan="2">+=</td><td colspan="2">加后赋值</td><td>-=</td><td colspan="2">减后赋值</td><td>...(等)</td></tr>
<tr><td colspan="12">特殊运算符——高级功能</td></tr>
<tr><td colspan="3">in</td><td colspan="3">成员检测</td><td colspan="3">is</td><td colspan="3">身份判断</td></tr>
</table>

（2）异常类型

try-except结构是Python中处理错误的核心机制，它能够捕获并处理运行程序时的常见异常情况。下面列举了部分常见异常类型。

异常类型	触发场景
ValueError	无效值（如int ("abc")）
TypeError	类型错误（如"a" + 1）
IndexError	索引越界（如list[10]）
KeyError	字典键不存在（如dict["missing"]）
FileNotFoundError	文件未找到
ModuleNotFoundError	模块导入失败

前面使用了try-except处理异常，方法虽然简单但存在严重问题，例如隐藏所有错误细节，包括未知的问题；无法区分不同类型错误的处理逻辑。

```
try:
    # 可能出错的代码
except:  # 捕获所有异常
    print("出错了")
```

这样的异常捕获更加精准，例如增加要捕获的类型。

```
try:
    num = int(input("请输入数字："))
except ValueError as e:  # 仅捕获值错误（如输入非数字）
    print(f"输入错误：{e}")
```

程序运行结果如下。

请输入数字：你好。

输入错误：invalid literal for int() with base 10: '你好'。

源码秘境

下面这段代码通过取余、取整运算、随机数生成、格式化字符串等知识点，实现了一个简单的购物满减优惠结算程序，包括满减优惠、随机膨胀和抽奖功能。整个过程没有完全依赖数学运算解决逻辑问题，展现了编程与数学的紧密联系。

扫码看视频

```
import random
# 处理可能出现的异常
try:
    price = float(input("请输入商品单价(元)："))
    num = int(input("请输入购买数量："))
except:
    print("输入有误，退出！")
    exit()
# 计算总价
total = price * num
print("原价：", total)
# 每满200元减30元
discount = (total // 200) * 30
# 叠加随机折扣，膨胀已得优惠
discount += discount * random.uniform(0.1,0.3)
# 生成抽奖编码
code = random.randint(1000,9999)
print("抽奖码为：",code)
```

```
# 输出中奖结果
print(f"抽中奖品：{code % 2}个")
# 计算需支付金额，保留两位小数
total -= discount
print(f"满减优惠：{discount:.2f}")
print("-"*20)
print(f"实付:{total:.2f}")
```

试炼工坊

1.【单选题】执行int("abc")会触发哪种异常？（　）

A. ValueError　　B. SyntaxError

C. IndexError　　D. OverflowError

2.【单选题】执行random.randint(0,9)不会生成下面哪个数字？（　）

A. 0　　B. 1　　C. 9　　D. 1.2

3.【填空题】900 // 200的结果是________

4.【填空题】900 % 200的结果是________

5.【判断题】执行exit( )会终止程序运行。（　）

AI加油站

本节的知识理解了吗？让AI助手来考考你吧！你可以将代码粘贴给它并提问："我是一个Python初学者，这是我做的作品。请你出几道选择题、判断题，并标注星级难度！我将按顺序发给你答案，请你解析相关知识点，根据我的回答分析我的学习效果并给出建议。"

码上行动

参考"源码秘境"完成"幸运满减"程序设计，并添加一个神秘大奖，当用户的抽奖码为8888时触发神秘大奖。

扫码看视频

AI加油站

任务太难没思路？让AI助手来帮帮你，把代码粘贴给AI并提问："我想要设置一个神秘大奖，当抽奖码为8888时获奖，请你为我讲解实现这个功能的思路，以及需要的知识点！"

创意工坊

1.创意大师

本节介绍的随机数、运算符、异常处理等知识也有很多创意玩法等待你尝试，例如，幸运大抽奖、随机美食菜单、随机提问助手等。在网络上购物时，用一个虚拟名字往往能保护自己的隐私，下面是一个虚拟名字生成器的代码，你可以尝试添加姓氏或文字，让它能生成更多有趣的名字。

```
import random
lastname = random.choice("赵钱孙李周吴郑王冯陈")
firstname = "安乐星云阳月风木禾心田禾米竹山水土石瑾翊宸玥珩煦谦昀"
firstname1 = random.choice(firstname)
firstname2 = random.choice(firstname)
name = lastname + firstname1 + firstname2
print("你的虚拟名字是：",name)
```

2. AI互动

试试向AI提出以下问题。

“能用随机数做一个‘密码生成器’程序吗？并告诉我每段代码的作用。”

“Python随机数还能解决什么生活或者学习问题？有没有创意玩法？”

“设计一个数学练习程序，随机生成两个整数（范围100～200）和一个运算符（+、-、*、/），计算数学表达式的结果。用户输入答案后，由程序来判断对错并给出反馈。”

3.灵感笔记

我想用本节所学知识做________________________________

遇到的困难是________________________________

需要AI帮我解决________________________________

编程超能力

恭喜你完成本节知识的学习，快把新学的代码用法、好玩的项目创意、容易出错的地方记下来！也可以画思维导图梳理思路，帮知识牢牢“住”进大脑，以后编程就更厉害啦！

AI加油站

不知道你们有没有发现，有时候在电商平台买东西或者点外卖时，同样的商品、同样的配送地址，不同账号看到的价格却不一样，这就是大家常说的“杀熟”现象！你怎么看待这个现象？快来和AI助手聊聊你想法吧！试试提问：“你怎么看待电商平台的‘杀熟’现象？能从程序设计角度简单讲讲背后的逻辑吗？”

2.4 体重管理器——分支结构

任务中心

BMI（身体质量指数）是一个能简单判断人体胖瘦程度的指标，通过BMI指数，我们可以大致评估身体的健康状况。制订科学的健康计划是保持活力的关键一步。下面一起创建一个体重管理系统吧！让它来计算我们的BMI指数并根据我们的健康目标（增肌/减脂/保持现状）定制个性化方案。

任务解码站

1.掌握单分支（if）、双分支（if-else）、多分支（if-elif-else）结构的使用。

2.了解嵌套分支结构的语法与应用。

3.学会使用逻辑运算符、比较运算符进行多条件判断。

单词剧场

health	goal	weight	height
/helθ/	/ɡoʊl/	/weɪt/	/haɪt/
健康	目标	重量	身高；高度

代码探秘

在日常生活中，人们常常需要根据不同的情况做出判断和选择，比如，在十字路口，红绿灯通过“红灯停、绿灯行、黄灯警示”的规则指挥交通——这其实就是现实中的“条件判断”。

如果是红灯，我们就停下；如果是绿灯，我们就前行。这种根据不同条件执行不同动作的逻

辑，在Python编程中称为条件语句。

现在，让我们将这种“条件判断思维”迁移到健康管理领域。先做一个简单的判断：如果一个人的体重大于100千克，就可能需要减肥。下面用一段简单的代码模拟这个判断逻辑。

```
# 输入体重（千克）
weight = float(input("请输入您的体重(kg): "))
# 如果体重大于100提醒减肥
if weight > 100:
    print("你可能需要减肥了！")
```

程序运行结果如下。

```
请输入您的体重（kg）：109.2
你可能需要减肥了！
```

当输入的体重超过100时，程序会弹出“你可能需要减肥了！”的提示。但如果体重小于100或者恰好是100呢？代码不会有任何输出。这是最简单的条件判断逻辑，if语句就是单分支结构。

小禾敲黑板

在编写条件语句时，“缩进”是Python中最关键的格式要求。print语句前面有一段空白，这就是“缩进”。它表示print语句是属于这个条件语句的。“缩进”可以使用键盘上的Tab键或者4个空格来实现。

Python通过缩进来区分代码块，这是语法强制要求，用于标注从属逻辑。

如何处理小于或者等于100的逻辑呢？可以使用else来设计。

```
weight = float(input("请输入您的体重(kg): "))
if weight > 100:
    print("你可能需要关注体重管理了！")
# 处理除大于100以外的其他情况
else:
    print("继续保持健康，多多运动！")
```

当体重超过100千克时，执行if分支的警示提醒；否则，执行else分支的鼓励信息。这正是双分支结构的核心能力：将问题拆解为“是”与“否”两种。

Bug研究所

当程序报错IndentationError时，表示缩进格式错误，需要检查代码块是否对齐。

1.计算BMI

在健康管理中，BMI（身体质量指数）是评估体重是否合理的重要指标。它通过体重与身高的比例判断身体的胖瘦程度，计算公式为：BMI =体重（kg）÷身高（m）的平方。比如，一个身高1.75米、体重70千克的人，BMI计算方式为：70 ÷（1.75 × 1.75）≈22.86。

```
weight = float(input("请输入您的体重(kg): "))
height = float(input("请输入您的身高(m): "))
# 判断输入的数据是否合理
# 不合理就发出提醒
if height <= 0 or weight <= 0:
    print("错误：身高和体重必须为正数")
# 否则就可以计算BMI指数
else:
    bmi = weight / (height ** 2)
    print(f"您的BMI指数为: {bmi:.2f}")
```

程序运行结果如下。

```
请输入您的体重（kg）：80
请输入您的身高（m）：1.8
您的BMI指数为：24.69
```

在这段代码中，使用比较运算符"<="判断了输入的身高是否小于或者等于0、输入的体重是否小于等于0。因为当有这样的情况时，进行乘除运算是没有意义的——计算不出正确的结果。

逻辑运算符"or"连接了这两个条件。or是或者的意思。先检查身高是否小于等于0（height <= 0），再检查体重是否小于等于0（weight <= 0），只要其中一个目标“有问题”（条件为True），都会提示错误，不再计算BMI。

**是幂运算符，height ** 2等同于height * height，用于计算平方。

动手试一试

仅仅判断身高/体重小于等于0是不够的，需要结合try-except来处理可能会发生的异常吧！

2.判断健康状态

医学上通常将BMI小于18.5视为偏瘦，18.5～23.9为正常，24～27.9为过重，大于或等于28则属于肥胖。因此，判断身体健康状态需要判断BMI值在哪个区间。

继续编写代码。

```
...
# 以上代码省略
else:
    bmi = weight / (height ** 2)
    print(f"您的BMI指数为：{bmi:.2f}")
    # 判断BMI的不同情况
    if bmi < 18.5:
        print("偏瘦")
    elif 18.5 <= bmi < 24:
        print("正常")
    elif 24 <= bmi < 28:
        print("过重")
    else:
        print("肥胖")
```

这段代码中有一个elif，它是else if的缩写，表示如果前面的条件不成立，再检查这个条件。对应到代码中，如果bmi小于18.5不成立，那么再检查bmi是不是在18.5～24（含18.5）区间，如果还不成立，继续检查下面的条件，以此类推。

在这段代码中，还使用了复合条件判断18.5 <= bmi < 24，这相当于18.5 <= bmi and bmi < 24。这样写不仅逻辑更直观，还能让代码更为简洁、高效。

AI加油站

在代码中，使用了if-elif-else的多分支结构，这样的判断结构能不能通过多个if来实现呢？例如if bmi < 18.5、if 18.5 <= bmi < 24、if 24 <= bmi < 28。请你将代码粘贴给AI，并提问："这段代码中的多分支结构能不能用多个if替代呢？这两种方法有什么区别？请用最简单的方法给我讲一讲。"

注意！这段代码实现了条件语句的嵌套。

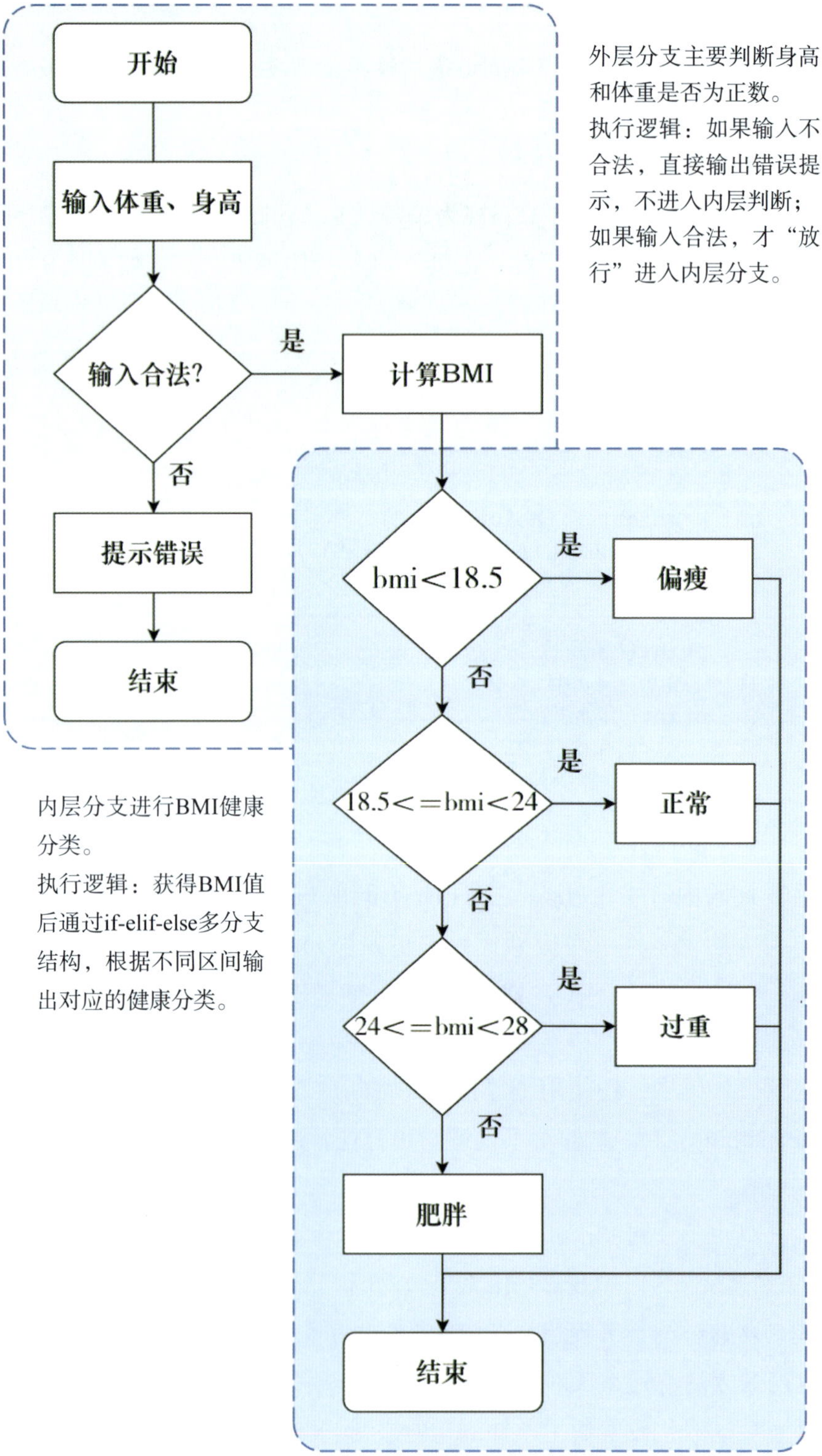
开始
输入体重、身高
输入合法?
是
计算BMI
否
提示错误
结束
外层分支主要判断身高和体重是否为正数。
执行逻辑：如果输入不合法，直接输出错误提示，不进入内层判断；如果输入合法，才“放行”进入内层分支。
bmi<18.5
是
偏瘦
否
18.5<=bmi<24
是
正常
否
24<=bmi<28
是
过重
否
肥胖
结束
内层分支进行BMI健康分类。
执行逻辑：获得BMI值后通过if-elif-else多分支结构，根据不同区间输出对应的健康分类。

3.健康目标判断与建议

除了BMI计算，还可以根据用户输入的健康目标（增肌/减脂/保持现状），输出个性化的锻炼和饮食建议。

```
...
# 以上代码省略
goal = input("请输入你的健康目标（增肌/减脂/保持现状）：")
if goal == "增肌":
    print("建议：每周3次力量训练（如深蹲、卧推），8小时睡眠促进修复")
elif goal == "减脂":
    print("建议：增加有氧训练（如跑步、游泳），控制碳水摄入")
elif goal == "保持现状":
    print("建议：每周3次混合训练（有氧+力量），保持规律作息和饮食")
else:
    print("目标输入有误，请重新输入（增肌/减脂/保持现状）")
```

程序运行结果如下。

请输入你的健康目标（增肌/减脂/保持现状）：增肌

建议：每周3次力量训练（如深蹲、卧推），8小时睡眠促进修复

动脑想一想

能不能参考BMI的结果和用户的健康目标，输出个性化的建议呢?

4.知识拓展

（1）单行分支

当if条件满足时，:后面紧跟要执行的代码print(“及格”)，这种写法不需要额外缩进，适合简单的单行逻辑。

```
score = 70
# 单行分支，不换行、不缩进
if score >= 60: print("及格")
```

动手试一试

将根据健康管理目标给出建议的判断方式改为单行分支。

（2）三元表达式

三元表达式是if-else分支的简化语法，用一行代码实现“条件判断+二选一结果”。其格式为：结果=条件成立时的结果 if 条件判断 else 条件不成立时的结果。

例如，你去便利店买水，心里想：“如果冰柜有可乐（条件），就买可乐（结果1）；否则，买矿泉水（结果2）。”这样的想法用三元表达式翻译

就是：

```
buy = "可乐" if 冰柜有可乐 else "矿泉水"
```

以判断考试分数是否及格为例，来对比三元表达式与传统分支结构的区别吧！

```
score = 70
# 传统的if-else结构
if score >= 60:
    res = "及格"
else:
    res = "不及格"

# 三元表达式结构
res = "及格" if score >= 60 else "不及格"
```

源码秘境

下面这段代码实现了一个简单的体重管理程序，支持输入数据、计算BMI，根据目标给出建议。注意：BMI仅为健康参考指标，实际身体状况需结合体脂率、肌肉量等因素综合判断哟！

扫码看视频

```
weight = float(input("请输入您的体重(kg): "))
height = float(input("请输入您的身高(m): "))
if height <= 0 or weight <= 0:
    print("错误：身高和体重必须为正数")
else:
    # 计算BMI并判断健康状况
    bmi = weight / (height ** 2)
    print(f"您的BMI指数为: {bmi:.2f}")
    if bmi < 18.5:
        print("偏瘦")
    elif 18.5 <= bmi < 24:
        print("正常")
    elif 24 <= bmi < 28:
        print("过重")
    else:
        print("肥胖")
# 根据健康目标给出建议
goal = input("请输入你的健康目标（增肌/减脂/保持现状）：")
if goal == "增肌":
    print("建议：每周3次力量训练（如深蹲、卧推），8小时睡眠促进修复")
elif goal == "减脂":
    print("建议：增加有氧训练（如跑步、游泳），控制碳水摄入")
elif goal == "保持现状":
    print("建议：每周3次混合训练（有氧+力量），保持规律作息和饮食")
else:
    print("目标输入有误，请重新输入（增肌/减脂/保持现状）")
```

试炼工坊

1.【单选题】多分支结构if-elif-else的执行特点是（　　）。

A.所有elif都会执行

B.找到第一个满足条件的分支后，跳过剩余分支

C.必须所有分支都判断

D. else必须存在

2.【单选题】嵌套分支结构的主要作用是（　　）。

A.让代码更复杂

B.实现多层条件判断

C.必须替代单分支

D.提高运行速度

3.【判断题】单分支结构if后必须有else。（　　）

4.【判断题】嵌套分支的缩进必须严格一致，否则会报错。（　　）

5.【判断题】在多分支结构中，else必须放在最后一个elif之后。（　　）

AI加油站

知识都掌握了吗？让AI助手出题考考你吧！你可以提问："我刚刚学习了Python条件语句的相关知识，请你出几道选择题、判断题，并标注星级难度！我将按顺序发给你答案，请你解析相关知识点，根据我的回答分析我的学习效果。"

码上行动

参考"源码秘境"完成健康管理程序设计。将BMI计算结果嵌套在根据健康目标给出建议的部分，从而实现根据目标和BMI结果给出健康建议。

扫码看视频

AI加油站

任务没思路？让AI助手来帮你。你可以将代码粘贴给它并提问："我想让程序给出建议时不仅要判断健康目标，也要参考BMI结果，请你详细告诉我应该怎么实现？"

创意工坊

1.创意大师

Python分支结构还有很多创意玩法等待你尝试，例如，闯关游戏决策、智能家居控制、电影推荐系统、交通信号灯模拟等。下面是一个根据天气温度推荐穿衣搭配的示例代码，你可以尝试添加更多分支（如季节选择、提示信息），让推荐更合理！

```
temp = float(input("请输入当前气温(℃): "))
if temp >= 30:
    print("热！穿短袖短裤")
elif 20 <= temp < 30:
    print("暖！穿T恤长裤")
elif 10 <= temp < 20:
    print("凉！穿长袖外套")
elif 0 <= temp < 10:
    print("冷！穿毛衣厚外套")
else:
    print("严寒！穿羽绒服")
```

2. AI互动

试试向AI提出以下问题。

“我想用条件语句做一个‘星座测试’程序，输入生日，输出对应的星座，请你设计这个程序并向我介绍它的逻辑。”

“能用条件语句做一个‘解决拖延症’程序吗？并告诉我每段代码的作用。”

“Python条件语句还能解决什么生活或者学习问题？请你设计几个创意玩法，并用最简单的程序来实现。”

3.灵感笔记

我想用条件语句做____________________

遇到的困难是____________________

需要AI帮我解决____________________

编程超能力

恭喜你完成体重管理程序的学习！快把新学的代码用法、健康管理逻辑、容易出错的地方（如输入类型转换、条件判断逻辑）记下来，也可以画思维导图梳理流程，从而让知识更牢固。

AI加油站

编程学累了？来闲聊一会儿吧！和AI助手聊聊健康话题："程序能根据BMI给出健康建议。AI真的能替代专业医生吗？它可能忽略哪些重要健康因素？人工智能的发展能为我们的健康生活提供哪些保障？"

2.5 万花筒图案——for循环、turtle模块

任务中心

将生活中一些简单的图案不断重复、旋转，能使其呈现出迷人的对称美感。例如，瓷砖地板，通过重复拼接、旋转排列营造出富有层次感和对称感的视觉效果，这种规律性的重复现象，在Python编程里也有对应的工具——for循环。结合turtle库这个绘图工具，我们就能通过编写代码，让计算机重复执行绘图指令，像变魔术一样，将简单的线条与色彩组合成绚丽的万花筒图案。

任务解码站

1.掌握for循环结构的使用与运行逻辑。

2.理解遍历对象。

3.学会用turtle模块绘制图形。

4.掌握循环控制。

单词剧场

forward	continue	turtle	range
/ ˈfɔːrwərd /	/ kənˈtɪnjuː /	/ ˈtɜːrt(ə)l /	/ reɪndʒ /
向前	继续	海龟	范围

代码探秘

在体育课上，体育老师要求一队成员每人完成一次投篮。于是，5位同学按照要求依次进行了投篮，这就是循环。

每个人都做了“投篮”这件事，共做了5次，也就是循环进行了5次。在Python中，有明确次数的循环，可以用for循环来编写。

AI加油站

生活中还有很多for循环的例子，请你试着问AI助手：“现在我在学习Python中的for循环，请你告诉我生活中有哪些for循环的例子。”

1.认识for循环

就像老师让一队成员依次去做一件事，从第一个名字开始，依次到最后一个，这叫作“遍历”。

```
for 变量 in 序列:
    循环体
```

for循环是Python中用于遍历可迭代对象（如字符串、range对象等）的循环语句。它会依次将可迭代对象中的每个元素赋值给变量，然后执行循环体。

字符串是已经学习过的知识，用for循环可以逐个访问字符串中的每个字符。例如，将“Python”中的每个字母逐个打印出来。“i”是变量，“Python”是序列，“print（i）”是循环体。在运行程序时，会先将“P”赋值给i打印出来，然后将“y”赋值给i，接着将“t”赋值给i，直到最后。

```
for i in "Python":
    print(i)
```

程序运行结果如下。

```
P
y
t
h
o
n
```

小禾敲黑板

就像if-else那样，循环重复执行的操作，必须缩进4个空格，缩进量决定了代码层级关系。

对于体育老师要求的一队5个成员每人完成一次投篮也可以用for循环来表示，如下面的代码。

```
for i in range(5):
    print(f"第{i}个人完成投篮！")
```

程序运行结果如下。

第0个人投篮!

第1个人投篮!

第2个人投篮!

第3个人投篮!

第4个人投篮!

动脑想一想

为什么是从0开始的呢?

range ( )函数可以生成一个整数序列，常用于指定循环次数。它的常见用法如下表所示。

用　法	描　述	举　例
range(*n*)	生成0到*n*-1的整数序列	range(4)生成0、1、2、3
range(start, end)	生成start到end-1的整数序列	range(1,4)生成1、2、3
range(start, end, step)	生成start到end-1，步长为step的整数序列	range(1,4,2）生成1、3

下面的案例以-1为步长，制作了3秒倒计时的效果。

```
for i in range(3,0,-1):
    print(f"倒计时：{i}")
print("出发！")
```

程序运行结果如下。

倒计时：3

倒计时：2

倒计时：1

出发

小禾敲黑板

range ()生成的是“左闭右开”区间。例如，range(1, 5)只包含1、2、3、4，不包含5。range ()与for循环是“黄金搭档”，当你需要重复执行固定次数的任务时，用for i in range(次数)就够了！

2.认识turtle模块

turtle库是Python自带的一个绘图库，意为“海龟”。它模拟了一只小海龟在画布上爬行的过程，每一步都会留下轨迹，最终形成图案。就像你用铅笔在纸上画画一样简单，但更有趣的是——你可以利用代码来控制海龟的动作！

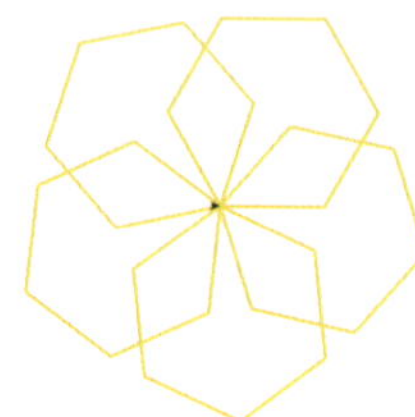

下面是turtle库常用的一些命令。

命令分类	格　式	功能说明
基本移动	forward()，可简写为 fd()	海龟向前移动指定的距离，同时绘制线条
	backward()，可简写为 bk()	海龟向后移动指定的距离，同时绘制线条
方向控制	left()，可简写为 lt()	海龟向左旋转指定的角度
	right()，可简写为 rt()	海龟向右旋转指定的角度
画笔控制	penup()，可简写为 pu()	抬起画笔，移动时不绘制线条
	pendown()，可简写为 pd()	放下画笔，继续绘制线条
画笔属性	pensize()	设置画笔粗细（像素值）
	pencolor()	设置画笔颜色（支持颜色名称或RGB值）
	speed()	设置海龟的移动速度（0最快，1～10递增，1最慢）
填充功能	fillcolor()	设置图形填充颜色
	begin_fill()	开始填充图形（在绘制闭合图形前调用）
	end_fill()	结束填充图形（在绘制闭合图形后调用）
重置	home()	海龟回到初始位置（坐标原点，头朝右）
	clear()	清除当前画布上的所有图形，但保留海龟的位置和状态

3.绘制彩色五角星

（1）绘制一个角

```
# 导入turtle库并简称为t
import turtle as t
# 向前绘制200像素的线段，可简写为t.fd(200)
t.forward(200)
# 右转144度,可简写为t.rt(144)
t.right(144)
# 向前绘制200像素的线段
t.forward(200)
# 右转144度
t.right(144)
# 保持窗口不关闭
t.done()
```

首先使用import导入turtle库并将其重命名为t，这样后续使用更为方便。

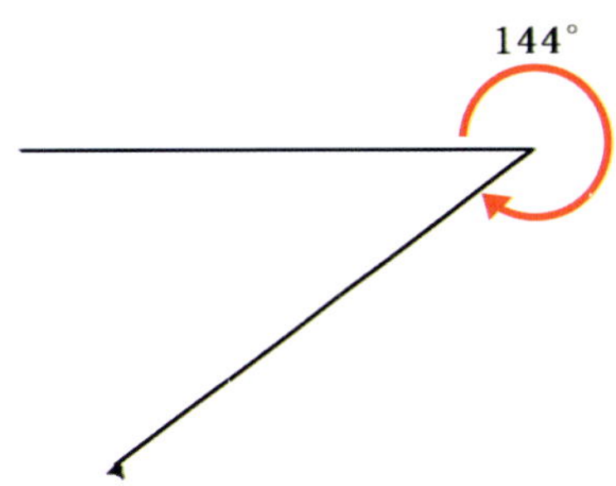

使用t.forward (200)控制“海龟”向默认方向（90°）移动200像素，右转144°，现在能够绘制一条线并使“海龟”面向144°的方向。移动200像素再右转144°。

使用t.done()确保绘制完成后窗口不会自动关闭，方便用户观察最终图案。

运行代码后可以绘制一个角。

小禾敲黑板

这里设置右转144°是外角的度数。

（2）绘制五角星

由此可见，使用两次t.forward(200)和t.right(144)就能画出两条线，那么使用5次就可以将五角星绘制出来。为了使代码更为简洁，可以使用for循环来使这两行关键代码循环5次。下面是使用for循环和不使用for循环的对比。

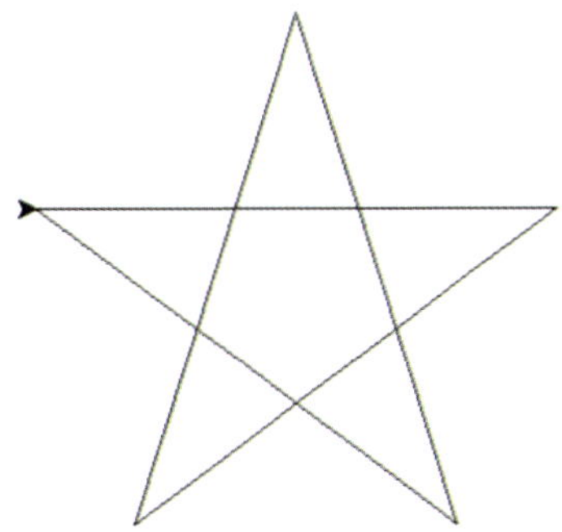

不使用for循环

```
import turtle as t
t.forward(200)
t.right(144)
t.forward(200)
t.right(144)
t.forward(200)
t.right(144)
t.forward(200)
t.right(144)
t.forward(200)
t.right(144)
t.done()
```

使用for循环

```
import turtle as t
for i in range(5):
    t.forward(200)
    t.right(144)
t.done()
```

Bug研究所

试着问问AI助手："为什么在使用turtle绘制五角星时需要右转144°，144°是怎么计算出来的？"

小禾敲黑板

在上述代码中，你或许已经发现，for i in range(5)这句代码中的变量i并没有使用到。这时候就可以将代码改为for _ in range(5)。下划线"_"是一个约定俗成的变量名，它表示不用关心这个变量。

（3）绘制彩色五角星

在turtle中可以使用pencolor( )来设置线条的颜色。修改代码，设置线条的粗细为3，并通过条件判断让每条边的颜色交替变化，通过在循环中加入奇偶判断，让五角星每边交替呈现金黄色与浅黄色。

if *i*%2==0：判断当前循环次数*i*是否为偶数，%是取余数运算符，任何数除以2，余数为0则是偶数，余数为1则是奇数。

当*i*=0（第1条边）：0是偶数——金色。

当*i*=1（第2条边）：1是奇数——浅黄色。

依次交替到*i*=4（第5条边）：4是偶数——金色。

Bug研究所

在Python中，一个"="表示赋值，两个"=="表示相等。"SyntaxError: invalid syntax"这个错误通常发生在将"=="写成"="时。

```
import turtle as t
# 设置画笔粗细为3
t.pensize(3)
for i in range(5):
    # 设置偶数线条为金黄色
    if i%2 == 0:
        t.pencolor('#FADB14')
    # 设置奇数线条为浅黄色
    else:
        t.pencolor('#FFEE53')
    t.forward(200)
    t.right(144)
t.done()
```

对于颜色的选择，可以通过海龟编辑器右侧的色板来完成。选择喜欢的颜色后，下面会显示该颜色的编号。

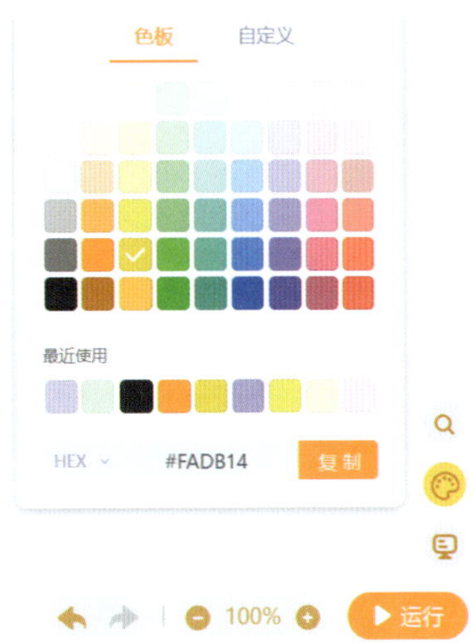

AI加油站

不懂颜色为什么这样表示？向AI助手提问："#FADB14是一个颜色代码，它的每个字母和数字有什么含义呀？请你向我解释更多关于颜色代码的内容？"

现在绘制的五角星还是空心的，怎样为它填充颜色呢？

使用fillcolor( )可以设置图形要填充的颜色。

使用begin_fill( )可以开始记录要填充颜色的图形轮廓，在绘制闭合图形（如三角形、圆形）之前调用，它告诉turtle："我准备开始画要涂色的部分了！"

end_fill( )用于结束记录图形轮廓并填充颜色，在绘制完闭合图形后调用它，它告诉turtle："我画完了，请用fillcolor( )指定的颜色填充这个图形！"

```
import turtle as t
t.pensize(3)
# 设置填充颜色
t.fillcolor('#FFBE25')
# 开始记录要填充的图形
t.begin_fill()
for i in range(5):
    if i%2 == 0:
        t.pencolor('#FADB14')
    else:
        t.pencolor('#FFEE53')
    t.forward(200)
    t.right(144)
# 结束记录，并填充图形
t.end_fill()
t.done()
```

现在你的五角星就从线条升级成立体图案了，效果更饱满了。

动脑想一想

为什么画五角星需要begin_fill ()和end_fill ()包围整个循环？

动手试一试

尝试更换不同的颜色来绘制一个彩色的五角星。

4.绘制五边形

```
import turtle as t
t.pensize(3)
for i in range(5):
    t.color('#D4C7EE')
    t.forward(150)
    t.left(72)
t.done()
```

五边形的每个内角是108°，所以外角为72°。新建一个Python文件，编写并执行上面的代码，你会得到一个正五边形。

AI加油站

不知道如何计算旋转角度？问问AI助手吧！你可以说："在使用turtle绘制多边形时，如何计算每个图形的旋转角度？"

只需对这个图形进行简单的修改，马上就会得到另一个图形。有3种修改方式，分别是修改循环次数、将向前移动的距离与循环次数绑定、旋转角度。

```
for i in range(100):
    t.color('#D4C7EE')
    t.forward(i)
    t.left(72)
```

```
for i in range(100):
    t.color('#D4C7EE')
    t.forward(i)
    t.left(70)
```

动手试一试

修改五边形的有关参数，运行并查看新的图形。

是不是觉得100次的循环导致绘画太慢了？

tracer( )是turtle库中用于控制绘图动画显示效果的核心函数。在循环开始前，你可以添加t.tracer(10)，它会让海龟绘图的过程变得更“流畅”或“快速”，就像看电影快进那样。如果添加t.tracer(0)，则会关闭绘画过程，直接显示最终结果。

5.创建万花筒

相信你已经感受到几何与编程之间的美妙联系，通过简单的循环和角度控制，就能创造出复杂而美丽的图形。

如果将变形后的五边形和五角星组合起来又能碰撞出什么火花呢？假设每画完五边形一条边，就在这条边的顶端画一个五角星，那么最终的图案会是怎样的？

```
...
for i in range(100):
    # 绘制一条边
    t.color('#D4C7EE')
    t.forward(i)
    t.left(70)
    # 绘制一颗五角星
    for j in range(5):
        if j%2 ==0:
            t.pencolor('#FADB14')
        else:
            t.pencolor('#FFEE53')
        t.forward(20)
        t.right(144)
...
```

这段代码实现了循环嵌套，即一个循环内部包含另一个循环。

在双重for循环中，外层循环控制整体结构的变化（如大图形的旋转和扩

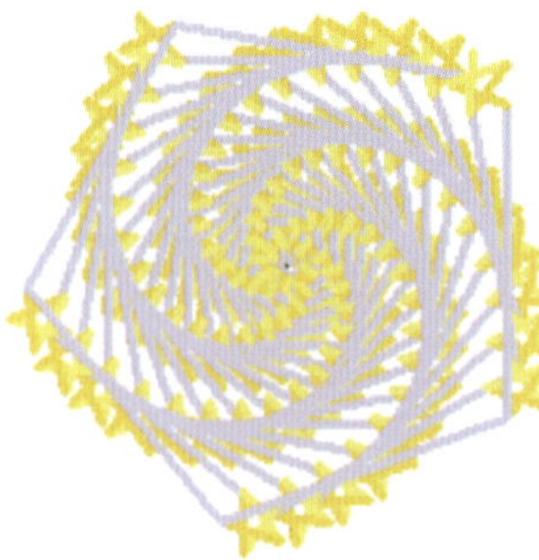

展），内层循环控制局部细节（如每个小五角星的绘制）。

嵌套规则如下。

外层循环每执行1次，内层循环完整执行一轮（如5次）。

总执行次数=外层次数×内层次数（在本案例中共执行了100×5=500次绘图）。

通过嵌套循环，我们能用简单的指令创造出极其复杂的图案，这正是编程的魅力所在！

6.知识拓展

（1）else语句

for循环结束后，还可以使用else语句。当循环正常完成时，else中的代码会被执行。

```
for i in range(1,4):
    print(f"尝试第{i}次")
else:
    # 当循环正常结束时执行此代码块
    print("所有尝试已完成")
```

程序运行结果如下。

尝试第1次

尝试第2次

尝试第3次

所有尝试已完成

（2）终止循环

使用break命令可提前终止整个循环，不再执行后续所有次数。

```
for i in range(5):  # 循环5次（i=0到4）
    if i == 2:      # 当i=2时
        break       # 立刻结束循环
    print(f"第{i+1}个人买冰激凌")
```

程序运行结果如下。

第1个人买冰激凌

第2个人买冰激凌

（3）终止跳过循环

使用continue命令可跳过当前循环的剩余代码，直接进入下一轮。

```
for i in range(5):  # 循环5次
    if i == 2:      # 当i=2时
        continue    # 跳过本次循环的后续代码
    print(f"第{i+1}个人买冰激凌")
```

程序运行结果如下。

第1个人买冰激凌

第2个人买冰激凌

第4个人买冰激凌

第5个人买冰激凌

源码秘境

下面这段代码实现了一个简单的螺旋星辰万花筒。

扫码看视频

```
import turtle as t

t.pensize(3)
# 设置加速绘画
t.tracer(10)
for i in range(400):
    # 绘制线条
    t.pencolor('#D4C7EE')
    t.forward(i)
    t.left(70)
    # 绘制五角星并涂色
    t.fillcolor('#FC8C04')
    t.begin_fill()
    for j in range(5):
        if j%2 == 0:
            t.pencolor('#FADB14')
        else:
            t.pencolor('#FFEE53')
        t.forward(20)
        t.right(144)
    t.end_fill()
t.done()
```

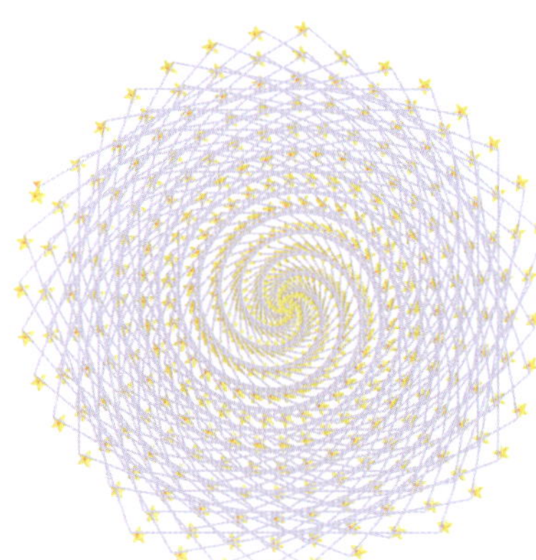

试炼工坊

1.【单选题】以下哪个选项可以正确遍历字符串"Python"中的每个字符？（　）

A.
```
for i in "Python":
    print(i)
```
B.
```
for i = 0 to 5:
    print("Python"[i])
```
C.
```
for i in range("Python"):
    print(i)
```
D.
```
for char in list("Python"):
    print(char)
```

2.【单选题】执行for i in range(2, 7, 2): print(i)程序后，输出结果是（　　）。

A. 2, 3, 4, 5, 6　　B. 2, 4, 6　　C. 2, 5　　D.7

3.【单选题】执行t.left(90)程序会让海龟如何转向？

A.顺时针90°　　B.逆时针90°

C.向左移动90像素　　D.向右移动90像素

4.【判断题】for循环可以无限嵌套使用。（　　）

5.【判断题】t.begin_fill ()必须放在要填充的图形之前。（　　）

AI加油站

让AI助手来考考你，你可以提问："我已经初步学完Python中for循环以及turtle库的基本知识点，考考我吧！请你出几道选择题、判断题，并标注星级难度！我将按顺序发给你答案，请你解析相关知识点，并根据我的回答分析我的学习效果。"

码上行动

参考"源码秘境"完成"万花筒"程序设计，并添加以下功能：在内层循环中添加三角形，让五角星和三角形这两种图形交替出现。

扫码看视频

AI加油站

把代码粘贴给AI助手打打分吧！你可以提问："请你检查我的代码是否完成了五角星和三角形交替出现的效果？请你评价质量并给出改进建议！"

创意工坊

1.创意大师

Python中的for循环还有很多创意玩法等待你尝试，例如，制作电费计算器、投票程序等配合turtle库还可以绘制国旗、创作抽象螺旋艺术画、设计生肖动物简笔画等。下面的案例设计的是一个字母频率统计器，你可以尝试增加小写字母的相关数据，让应用识别更多字母。

```
text = input("请输入一段大写英文：")
print("字母频率统计")
data = 'ABCDEFGHIJKLMNOPQRSTUVWXYZ'
for char in data:
    count = 0
    for letter in text:
        if letter == char:
            count += 1
    if count > 0:
        print(f"{char}: {count}次")
```

2. AI互动

试试向AI提出以下问题。

“我想用for循环设计一个‘倒计时’程序，在倒计时过程中显示剩余时间，并在结束时播放提示音。请给出实现思路和关键代码。”

“用turtle库配合for循环绘制一个彩色螺旋线，要求每圈颜色渐变（从红到紫），且线条逐渐变细。请解释如何通过循环变量控制颜色和线条参数？”

“能用turtle库绘制一个卡通形象吗？”

3.灵感笔记

我想用本节课所学知识制作____________________

遇到的困难是____________________

需要AI帮我解决____________________

编程超能力

恭喜你完成for循环和turtle库相关知识的学习，快把新学的代码用法、好玩的绘图创意、容易出错的地方记下来！也可以画思维导图梳理思路，帮知识牢牢“住”进大脑，以后编程就更厉害啦！

AI加油站

和AI助手聊聊你的编程心得吧！试试提问：“对初学者来说，如何快速理解for循环的嵌套逻辑？有没有什么记忆技巧？”

2.6 数字猜猜乐——while循环

任务中心

你是否曾想挑战自己的直觉和运气？现在机会来啦！和AI小助手一起走进Python中的while循环世界，探索数字猜谜的乐趣吧！在这个游戏中，计算机会随机生成一个数字，你需要通过while循环的不断尝试，结合提示（偏大或偏小），一步步缩小范围，直到猜中正确答案！

任务解码站

1.了解random模块。

2.掌握使用while循环的方法。

3.掌握使用标志变量和break语句的方法。

4.了解无限循环和continue语句。

单词剧场

guess	break	while	quit
/ges/	/breɪk/	/waɪl/	/kwɪt/
猜测	打破；终止	当……的时候	退出；关闭

代码探秘

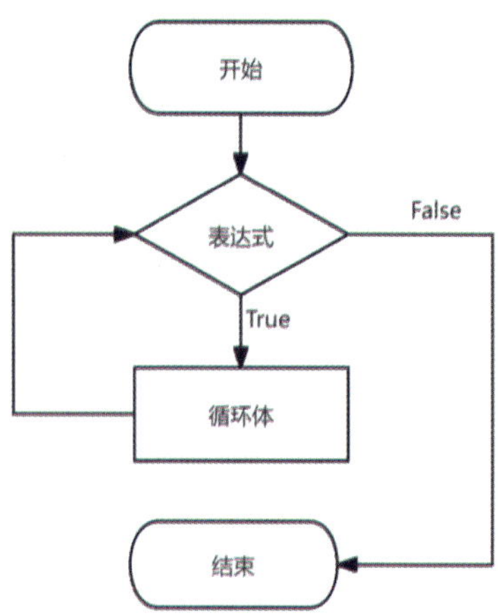

前面介绍了for循环主要用于针对集合中每个元素的一个代码块，且更多的是用在遍历整个集合中的元素。而本节要学习的while循环则是不断地运行，直到指定的条件不满足为止。我们可以简单地将其理解为加了条件的循环。

while循环的基本结构为while条件：循环体代码块。只要条件为True（真），循环体代码块就可以一直循环执行下去。

1.生成随机整数

通过对前面内容的学习，大家已经了解了什么是随机数，本节课需要用的是random模块中的randint（*a*,*b*）函数。其中，int代表着生成的随机数类型是整数类型，*a*和*b*代表生成随机数的范围。例如，randint (1,100)表示随机生成一个1～100范围内的整数（包括1和100）。

```
#导入random模块，用于生成随机数
import random
#创建一个target变量，用于存储生成的随机数。
target = random.randint(1,100)
#将生成的随机数输出
print("生成的随机数是",target)
```

程序运行结果如下。

```
生成的随机数是：2
```

动脑想一想

同学们运行程序生成的随机数一定跟案例程序的运行结果一样吗？为什么？

2.使用while循环

生成了随机数之后，大家就可以去猜一猜它了。使用input()函数从键盘上接收所猜测的数字，然后使用if条件语句来判断是否猜中了。

```
import random
target = random.randint(1,100)
guess = int(input("猜数字(1-100)："))
if guess == target:
    print("恭喜你猜对啦")
else:
    print("很遗憾，你猜错了")
```

程序运行结果如下。

```
猜数字(1～100)：50
很遗憾，你猜错了！
```

小禾敲黑板

input()函数所接收的数据类型都是字符串类型，因此需要将其转化成int整数类型才能进行数字的比较。

很明显，只能猜一次的数字猜猜乐游戏不符合我们的需求，能不能多猜几次呢？这就需要重复执行代码，此时可以使用Python中的循环，因为for循环明确了循环的次数，这样就没有办法提前就知道自己需要几次才能猜对，这就需要使用另一个循环工具——while循环。

while循环的执行逻辑是while条件表达式：代码块。其中，条件表达式的值只有True和False两种，只要值为True，就反复执行循环体内的代码块。下面这个案例使用了while循环从1数到5。

```
number = 1
#使用while循环从1数到5
while number <= 5:
    #打印输出数字从1变化到5的过程
    print(number)
    #每次打印输出后，初始数字1便会+1
    number += 1
```

程序运行结果如下。

1

2

3

4

5

在这个案例中，我们把number设置为1，从1开始数数。当number小于等于5时，while后面的条件表达式值为True（真），则循环体内的代码块就会执行。每执行一次，number就会自动+1。一旦number大于5，while后面的条件表达式值为False（假），while循环就会自动停止，整个循环就会自动结束。

AI加油站

while循环和for循环的区别是什么？大家先想一想，然后问问AI助手，输入："我是一名×年级的学生，我认为Python中while循环和for循环的区别是……请你帮我看看我说的对吗，你有什么补充的吗？"

3.使用标志变量

通过使用while循环，我们能够让这个数字猜猜乐游戏重复地进行下去，那么什么时候我们能控制它停下来呢？这时，就需要使用标志变量——用于判断整个程序是否处于活动状态。同时，我们也可以加上猜大了还是猜小了的提示语，让这个猜数字游戏变得更有趣。

```
import random
target = random.randint(1,100)
#创建一个标志变量，用于跟踪是否猜中
guessed = False
#使用while循环，当没有猜中时，循环会继续；因为guessed初始状态为
False，not guessed即为True，循环会一直持续下去
while not guessed:
    guess = int(input("猜数字(1~100): "))
    #判断输入的数字是否在1~100区间内
    if 1<= guess <=100:
        #判断是否猜中数字，猜中了即改变标志变量状态，结束while循环
        if guess == target:
            print("恭喜！ 猜中了数字",target)
            guessed = True
        #猜测的数字如果小于生成的随机数，则输出猜小啦！
        elif guess < target:
            print("猜小啦！ ")
        #猜测的数字如果大于生成的随机数，则输出猜大啦！
        else:
            print("猜大啦！ ")
    #如果用于输入的数字不在1~100区间，则提示用户重新输入数字
    else:
        print("请输入1~100以内的数字")
```

程序运行结果如下。

猜数字（1～100）：50

猜大啦！

猜数字（1～100）：25

猜小啦！

猜数字（1～100）：37

恭喜！猜中了数字37

AI加油站

猜数字有什么技巧吗？不如问问AI助手吧！打开智能体，输入：“我是一名×年级的学生，现在在体验猜数字的小游戏，有什么技巧能帮助我更快、更准地猜中正确的数字吗？”

4.使用break语句

如果想立即中断数字猜猜乐小游戏，不再运行循环中剩下的代码，可以尝试使用break语句。例如，输入quit，使用break语句立即退出while循环。

```
while not guessed:
    guess = input("猜数字(1~100),输入quit退出\n")
    #判断输入的是否为'quit',是的话则退出循环
    if guess == 'quit':
        break
    #将输入的数字由字符串类型转换成整型
    else:
        guess_num =int(guess)
```

程序运行结果如下。

猜数字（1～100），不想猜的话可以输入quit退出哟。

50

猜小啦!

猜数字（1～100），不想猜的话可以输入quit退出哟。

quit

在上述案例中，当break语句被执行后，就不会再执行break语句后面的代码了，即从第11行开始，不再执行后续的代码。

AI加油站

灵活地使用break语句能够使代码结构变得更加清晰，那么在使用过程中需要注意哪些事项呢？不如问问AI小助理吧！打开智能体，输入："我是一名×年级的学生，现在学习了while循环中的break语句，break语句在使用过程中有什么需要注意的事项吗？"

需要注意的是，break语句只能跳出语句所在的那一层循环。也就是说，如果使用了嵌套循环，想要跳出这个嵌套循环，那么就需要在每一层循环中都加入break语句。

5.知识拓展

（1）无限循环——while True

在本例设计的数字猜猜乐中，就灵活地运用了无限循环while True——在while循环后的条件表达式中直接输入True，让这个循环无限地重复下去。

```
x = 1
while True:
    print(x)
```

程序运行结果如下。

1

```
1
--snip--
```

因为while循环后的条件表达式值一直为True（真），所以这个while循环会一直执行下去，一直输出1。

AI加油站

如果循环一直执行下去，会产生什么不良的后果呢？不如问问AI小助理吧！打开智能体，输入："我是一名×年级的学生，现在学习了while循环，如果while循环一直执行下去，会有什么不良的后果？"

要灵活使用无限循环，必须对每个while循环进行检查，确保程序中至少有一个地方能让循环条件为False或让break语句能够顺利地被执行。这个时候标志变量和break语句就变得很重要了。

（2）使用continue语句

当想要跳过while循环的某一次循环时，可以使用continue语句。和break语句不同，continue语句不会结束整个循环，它只是跳过这一次循环，下次循环还是会正常执行的。continue语句通常和条件语句if一起使用，在数字猜猜乐中，并不需要使用continue语句，不过大家要学会使用这个实用的工具，下面一起来看看如何使用吧。

```
num = 0
while num <5:
    num += 1
    #如果是偶数,则跳出这次循环
    if num%2 == 0:
        continue
    print(num)
```

程序运行结果如下。

```
1
3
5
```

小禾敲黑板

continue语句和if语句必须一起使用，就像跳格子前要先看到"跳过"标志一样。

动脑想一想

break语句和continue语句的不同之处是什么？什么时候该使用break语句，什么时候该使用continue语句？

AI加油站

知识点没懂？没关系，让AI助手用有趣的方式讲给你听，试试提问：“作为一个初学者，请你用有趣的方式告诉我，while循环和for循环分别该什么时候去使用？”

源码秘境

下面这段代码实现了一个数字猜猜乐游戏，允许用户通过输入数字来猜测程序自动生成的随机数。

扫码看视频

```
import random
target = random.randint(1,100)
guessed = False
print("欢迎来到猜数字游戏！")
print("我已经想好了一个1到100的数字，猜猜看是多少？")
while not guessed:
    guess = input("猜数字(1~100),输入 quit 退出\n")
    if guess == 'quit':
        break
    else:
        guess = int(guess)
    if 1<= guess <=100:
        if guess == target:
            print("恭喜！ 猜中了数字",target)
            guessed = True
        elif guess < target:
            print("猜小啦！")
        else:
            print("猜大啦！")
    else:
        print("请输入1~100的数字")
```

试炼工坊

1.【单选题】下面哪个语句会立即结束整个循环？（　）

A. pass　　B. continue　　C. break　　D. exit

2.【单选题】当程序执行到continue语句时，会发生什么？（　）

A.结束整个程序　　B.跳过本次循环剩余代码，开始下一次循环

C.暂停程序5秒钟　　D.退出当前函数

3.【单选题】标志变量通常是什么类型的？（　）

A.整数（如5）　　　　B.字符串（如“yes”）

C.布尔值（True/False）　　　　D.小数（如3.14）

4.【单选题】下面这个循环会输出什么？（　）

```
count = 0
while count < 5:
    count += 1
    if count == 3:
        continue
    print(count)
```

A. 1 2 3 4 5　　　B. 1 2 4 5　　　C. 1 2　　　D. 3

5.【判断题】标志变量可以帮助控制循环何时结束。（　）

AI加油站

还想做更多题目吗？让AI助手来考考你，你可以提问：“我已经初步学完Python中while循环知识点，考考我吧！请你分别出几道选择题、判断题，并标注星级难度！我将按顺序发给你答案，请你解析相关知识点，并根据我的回答分析我的学习效果，同时给出建议或者学习路径、学习资源。”

码上行动

参考“源码秘境”的程序设计，添加猜测次数计数功能，猜对数字后，显示用户猜了几次才猜对。

扫码看视频

AI加油站

完成编程任务啦？让AI助手打打分，把代码粘贴给AI并提问：“请你评价我的代码质量，并给出改进建议！”

创意工坊

1.创意大师

Python中的while循环还有很多创意玩法，例如，文字冒险游戏、家庭日程提醒、植物生长日记等。下面是一个健康饮食打卡程序，你可以尝试使用while循环的continue语句和break语句，让你的健康饮食打卡程序更丰富、更有趣！

```
#健康饮食打卡
days = 0
veggie_streak = 0
while days < 7:
    days += 1
    print('\n==== 第',days,'天 ====')
    veggie = input("今天吃蔬菜了吗？(y/n): ")
    fruit = input("今天吃水果了吗？(y/n): ")
    if veggie == 'y' and fruit == 'y':
        veggie_streak += 1
        print("健康饮食！连续打卡",veggie_streak,"天")
    else:
        veggie_streak = 0
        print("明天要记得吃蔬果哦")
print("\n一周结束！")
if veggie_streak == 7:
    print("太棒了！你整周都健康饮食！")
```

2. AI互动

试试向AI提出以下问题。

“能用while循环做一个‘每日喝水提醒’程序吗？并告诉我每段代码的作用。”

“使用Python中的while循环还能解决什么生活或者学习问题？有没有创意玩法？请举几个趣味场景。”

“我想用Python中的while循环做一个简易银行系统，请你帮我列出详细的编程步骤，推荐合适的Python知识点，使用伪代码辅助我完成程序。”

3.灵感笔记

我想用while循环做______________________________

遇到的困难是______________________________

需要AI帮我解决______________________________

编程超能力

恭喜你完成while循环相关知识的学习，快把新学的代码用法、好玩的项目创意、容易出错的地方记下来！也可以画思维导图梳理思路，帮知识牢牢“住”进大脑，以后编程就更厉害啦。

AI加油站

while循环也有很多趣事呢，快来和AI助手聊聊吧！试试提问：“我刚学习完Python中的while循环，有什么关于while循环的趣味冷知识吗？讲给我听听吧。”

第3章 Python进阶知识

3.1 阅读清单设计——列表相关知识

任务中心

制订合理的计划是迈向成功的重要一步。对于热爱阅读的同学，一份清晰的读书计划能帮助你有条不紊地阅读各类书籍。为了方便地对这些书籍信息进行添加、删除、修改和查找等操作，可以把这些信息放入列表中。下面来完成你的读书计划吧！

任务解码站

1.掌握列表的创建与增删改查。

2.了解常用列表函数和方法。

3.了解列表切片与拼接。

4.了解元组与列表的异同。

单词剧场

insert	append	slice	list
/ɪnˈsɜːrt/	/əˈpend/	/slaɪs/	/lɪst/
插入	追加	薄片	列表；清单

代码探秘

列表就像可伸缩的传送带，可以放置很多数据。通常人们可以通过“变量名= [ ]”或者“变量名= list( )”的形式创建一个列表，例如a = [ ]。

列表中的多个数值需要用逗号分隔，例如a = [1,2,"A","B"]。

AI加油站

如果还不知道读什么书，不如问问AI助手吧！打开智能体，输入：“我是一名×年级的学生，请你帮我推荐几本必读书籍，并说出推荐的理由。”根据AI的推荐选择自己心仪的书籍吧！

1.列表的创建与初始化

列表中的元素可以是整数、浮点数、字符串，甚至还可以是其他列表（即嵌套列表）。下面的代码演示了如何创建一个列表books，并为其添加4条字符串数据。

```
# 准备读书列表
books = []                    # 创建空列表
print("当前清单：", books)  # 输出当前清单

# 添加首批书籍
books = ["昆虫记","草房子","双城记","狼王梦"]  # 列表初始化
print("初始清单：", books)                    # 输出初始清单
```

程序运行结果如下。

当前清单：[ ]

初始清单：['昆虫记', '草房子', '双城记', '狼王梦']

2.访问列表的数据

列表中的每个值（元素）都有对应的位置，人们称之为索引。例如，当你想知道列表中第几本书的书名时，索引就发挥作用了。

从左向右，第一个数据（昆虫记）的索引是0，第二个数据的索引是1，以此类推。

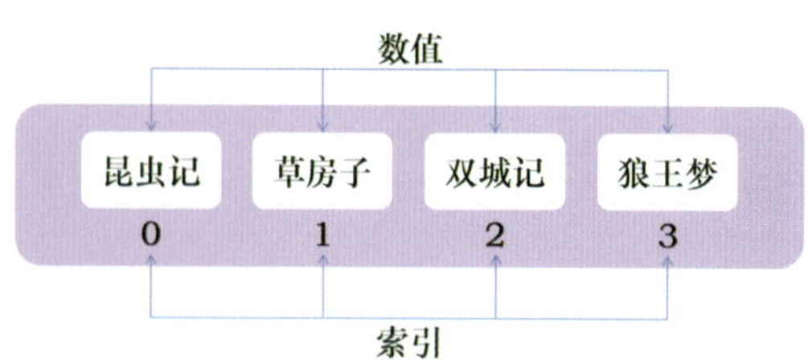

索引也可以从尾部开始，最后一个元素的索引为-1，往前一位为-2，以此类推。

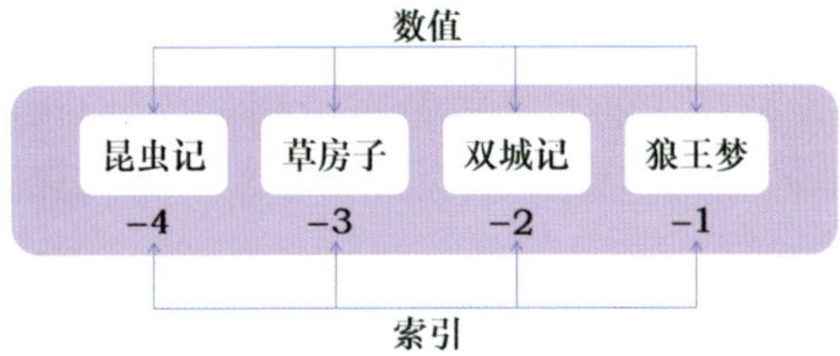

当你想访问列表中的数据时，除了直接打印列表，还可以使用索引获取数据。（注意：前面的代码已省略，下同）

```
# 查询数据
print("全部数据：",books)  # 输出列表的全部数据
print(books[1])            # 输出索引为1的数据
print(books[-1])           # 输出索引为-1的数据
```

程序运行结果如下。

全部数据：['昆虫记', '草房子', '双城记', '狼王梦']

草房子

狼王梦

动手试一试

尝试输出books[8]。

Bug研究所

“IndexError: list index out of range”这个错误通常发生在尝试访问列表中不存在的索引时。

大家也可以通过输入多个索引，以截取的方式查询列表中的数据。例如，books[1:3]，其中1是起始索引位置，3是结束索引位置。所查询的是索引分别为1和2的值，不包括3。这是列表的切片（slice）。

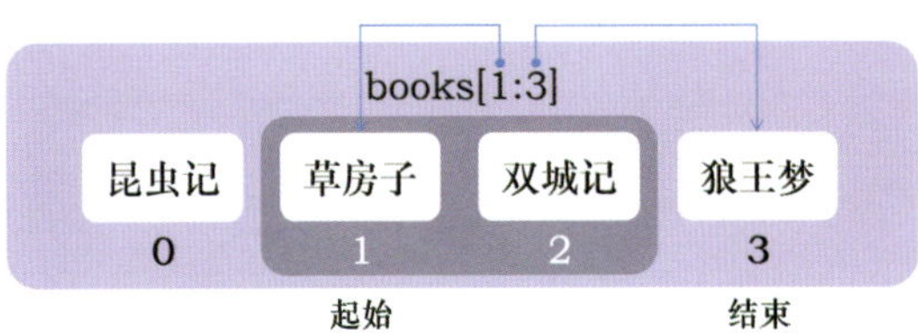

小禾敲黑板

在进行列表切片的时候，包含起始索引，不包含结束索引。

```
# 查询数据
print(books[1:3]) # 输出索引为1至2的数据
```

程序运行结果如下。

['草房子', '双城记']

3.向列表中添加数据

如果发现新的有趣的数据，想加入到自己的阅读清单怎么办？除了初始化时添加的数据，还可以通过append()方法在结尾追加数据，或者通过insert()方法插入数据。

```
# 追加数据
books.append("西游记")        # 在原列数据后添加一本新书
print("拼接后：", books)  # 输出新增数据后的清单
```

程序运行结果如下。

新增后：['昆虫记', '草房子', '双城记', '狼王梦', '西游记']

学校阅读社团组织了阅读任务，需要你在一周内完成《地心游记》某片段的阅读。这么紧急的任务就需要插队阅读了，此时insert()方法就派上用场了。它的主要作用是在列表的指定位置插入一条新的数据。

```
# 插入数据
books.insert(0, "地心游记") # 将新书插入到索引为0的位置
print("新增后：", books)     # 输出新增书籍后的清单
```

程序运行结果如下。

新增后：['地心游记', '昆虫记', '草房子', '双城记', '狼王梦', '西游记']

此外，还可以对列表进行拼接，以对数据进行批量操作。通过“+”将两个或多个列表合并成一个新的列表。新列表将包含参与拼接的所有列表的元素。

```
# 拼接列表添加新数据
books = books + ["骆驼祥子","稻草人"] # 将两个列表进行拼接
print("拼接后：", books)              # 输出拼接后的清单
```

程序运行结果如下。

拼接后：['地心游记', '昆虫记', '草房子', '双城记', '狼王梦', '西游记', '骆驼祥子', '稻草人']

4.修改列表中的数据

《格列佛游记》讲述了格列佛在4个奇异国度的奇遇，是一本精彩离奇的冒险小说。但是你的阅读计划已经足够多了，想要把一本书替换下来，应该怎么做呢？只需为相应的索引位置重新赋值即可。

```
# 修改数据
books[3] = "格列佛游记"  # 修改索引为3的数据
print("修改后：", books) # 输出修改后的清单
```

程序运行结果如下。

修改后：['地心游记', '昆虫记', '草房子', '格列佛游记', '狼王梦', '西游记', '骆驼祥子', '稻草人']

动脑想一想

如果想要调换两本书的位置，应该怎么做？

5.删除列表中的数据

对于阅读过的书籍或者不想再阅读的书籍，就需要将其从阅读清单里删去。Python提供了多种删除列表中数据的方法，例如，del语句、pop( )方法和remove( )方法。

del语句可以根据数据的索引位置来删除列表中的数据。

```
# 删除数据
del books[4] # 删除指定索引的数据《狼王梦》
print("更新后：", books) # 输出删除后的队列
```

程序运行结果如下。

更新后：['地心游记', '昆虫记', '草房子', '格列佛游记', '西游记', '骆驼祥子', '稻草人']

与del语句的不同之处在于，当不指定删除的索引时，pop( )方法会删除列表的最后一个元素，并且会返回被删除的元素，它可以被赋值给变量。

```
# pop方法
books.pop() # 默认删除最后一个《稻草人》
books.pop(0) # 删除指定索引的数据《地心游记》
remove_book = books.pop(2) # 删除《格列佛游记》并将它赋值给变量
print("移除的书籍是：",remove_book) # 输出被删除的数据
print("剩余书籍：",books) # 输出当前列表剩余的数据
```

程序运行结果如下。

移除的书籍是：格列佛游记

剩余书籍为：['昆虫记', '草房子', '西游记', '骆驼祥子']

当你不知道要删除的元素在列表中的具体位置，只知道元素的值时，

remove( )方法就派上用场了。

```
# remove方法
books.remove("骆驼祥子") # 找到列表中所有的"骆驼祥子"，并移除第一个
print("最终的书籍：",books) # 输出当前列表剩余的数据
```

程序运行结果如下。

```
最终的书籍：['昆虫记', '草房子', '西游记']
```

Bug研究所

当删除列表中不存在的数据时会提示“ValueError: list.remove(x): x not in list”。

小禾敲黑板

如果列表中有多个相同的值，remove()方法会删除列表中第一个匹配的值。

最后，如果觉得这份读书清单并不那么理想，想重新制作，除了新建一个列表，你还可以清空整个列表。

```
# clear方法
books.clear()              # 清空整个列表
print("清空后：",books)    # 输出清空后的列表
```

程序运行结果如下。

```
清空后：[ ]
```

通过学习删除列表中这些数据的方法，你就能更加灵活地管理读书计划列表了。根据实际情况及时调整阅读书目，从而让读书计划始终贴合自己的需求吧！

6.知识拓展

（1）列表的迭代

迭代是指按顺序对列表中的每个元素进行查询。下面的代码展示了如何使用for循环将读书清单中的书名打印出来。

```
# 列表的迭代
books = ["西游记", "草房子", "昆虫记"]
for book in books:
    print(book)
```

程序运行结果如下。

西游记

草房子

昆虫记

（2）列表的统计

Python还提供了一些统计列表中的数据的方法。例如，使用len()方法统计列表的长度（即数据量）；使用count()方法统计某个数据出现的次数；判断某个数据是否存在于列表中。

```
# 列表的统计
books = ["西游记","草房子", "昆虫记","草房子"]
# 使用len（）方法统计到数据量为4
print("清单书籍数量：",len(books))
# 使用count（）方法统计草房子数量并赋值给num
num = books.count("草房子")
print("草房子统计：",num)
# 使用in运算符判断水浒传是否在列表中
yes_or_not = "水浒传" in books
print("水浒传在类别中吗？",yes_or_not)
```

程序运行结果如下。

清单书籍数量：4

草房子统计：2

水浒传在类别中吗？False

使用max()、min()方法可以找到列表中的最大值和最小值，但使用这两个方法时要确保元素之间是可比较的，例如，列表中的元素都是数字。

```
# 新建列表 包含班级同学的身高数据
hight = [175,180,165,171,169]
print("最小值：",min(hight))     # 使用min()方法获取列表中的最小值
print("最大值：",max(hight))     # 使用max()方法获取列表中的最大值
```

程序运行结果如下。

最小值：165

最大值：180

（3）列表的双胞胎兄弟——元组

元组是Python中一种固定不变的容器，使用小括号（ ）定义，数据用逗

号分隔。例如下面的代码，这样就创建了一个不可改变的读书清单。

```
# 创建元组
books = ("西游记","草房子","昆虫记")
```

元组和列表有很多相似之处：支持索引（如[0]）和切片（如[1:3]）；可混合存储数字、字符串、对象等任意类型；能用for循环遍历每个元素；也能使用len()、max()、min()、count()方法。

元组和列表如同Python的“双胞胎”，元组像“沉稳的档案柜”，列表像“灵活的工具箱”。元组的核心特点是不可变性，也就是创建后无法修改、添加或删除其中的元素。这也是元组成为存储“稳定数据”理想选择的原因。而列表的灵活性则擅长应对动态需求。大家在选择使两个元素时只需记住：有改动就用列表，保持不变就用元组。

但是元组和列表是可以相互转换的。使用tuple()方法可以把列表转换为元组，使用list()方法可以把元组转换为列表。

```
# 列表和元组的相互转换
my_list = [1,2,3,4]          #创建一个列表
my_tuple = (5,6,7)           #创建一个元组
# 使用tuple()方法把列表转换为元组
print("列表转换为元组：",tuple(my_list))
# 使用list()方法把元组转换为列表
print("元组转换为列表：",list(my_tuple))
```

AI加油站

知识点没懂？没关系，让AI助手用有趣的方式讲给你听，试试提问：“作为一个初学者，请你用有趣的方式告诉我，列表和元组分别应在什么时候使用？”

（4）列表的嵌套

想象一个盒子（列表）里装着多个小盒子（子列表），每个小盒子又可以装数据或其他盒子——这就是嵌套列表。列表的元素可以是任意数据类型——包括另一个列表！通过这种嵌套，列表能展示多维数据（如表格、矩阵）。

下面的代码创建了一个展示学生成绩表的嵌套列表。

```
# 创建一个班级成绩表，每位学生的成绩是一个子列表
grade = [
    ["小明", 92, 88, 95],      # 第0个子列表
    ["小红", 78, 86, 91],      # 第1个子列表
    ["小刚", 85, 90, 89]       # 第2个子列表
]
```

访问嵌套数据需要使用双下标定位法，使用连续方括号定位：[外层索引][内层索引]。

```
# 获取小红的第2科成绩（索引从0开始）
print(grade_table[1][2])  # 输出：86

# 获取小刚的名字（第2行第0列）
print(grade_table[2][0])  # 输出：小刚
```

遍历嵌套列表需要使用双重for循环。

```
for student in grade:    # 遍历每个子列表（学生）
    total = 0
    for score in student[1:]: # 跳过姓名的位置（索引1开始是成绩）
        total += score
    print(f"{student[0]} 总成绩：{total}")
```

程序运行结果如下。

小明总成绩：275

小红总成绩：255

小刚总成绩：264

下面是嵌套列表常用的操作示例。

操　　作	代码示例	效　　果
修改嵌套值	grade[0][1] = 95	将小明第一科成绩改为95
添加新学生	grade.append(["小美", 88, 92, 85])	在末尾添加新行
删除嵌套元素	del grade[1][2]	删除小红的第3科成绩
删除整行数据	grade.pop(0)	删除小明整行数据并返回该行

源码秘境

下面这段代码实现了一个简单的阅读清单管理系统，允许用户通过输入功能编号来添加、删除或修改阅读清单中的书籍。

扫码看视频

```
# 定义一个名为 books 的列表，初始包含3本图书
books = ["西游记","草房子","昆虫记"]
# while True 创建无限循环
while True:
    # 打印当前阅读清单，清楚当前列表中包含哪些书籍
    print("当前阅读清单：",books)
    # 提供3个选项，提示用户输入功能编号
    print("请输入功能编号：1.添加书籍 2.删除书籍 3.修改书籍")
    # 获取用户输入的功能编号，并将其转换为整数类型
```

```
gongneng = int(input())
# 判断用户输入的功能编号是否为 1，如果是则执行添加书籍的操作
if gongneng == 1:
    book = input("请输入要添加的书籍：")
    # 提示用户输入要添加书籍的位置，并将其转换为整数类型
    suoyin = int(input("请输入要添加的位置："))
    # 使用 insert 方法将用户输入的书籍插入到指定的位置
    books.insert(suoyin,book)
# 判断用户输入的功能编号是否为 2，如果是则执行删除书籍的操作
elif gongneng == 2:
    book = input("请输入要删除的书籍：")
    # 使用 remove 方法从列表中删除用户指定的书籍
    books.remove(book)
# 判断用户输入的功能编号是否为 3，如果是则执行修改书籍的操作
elif gongneng == 3:
    # 提示用户输入要修改的书籍的索引位置，并将其转换为整数类型
    suoyin = int(input("请输入要修改的书籍索引："))
    book = input("请输入书籍名称：")
    # 将列表中指定索引位置的书籍替换为用户输入的新书籍名称
    books[suoyin] = book
else:
    print("输入有误")
```

试炼工坊

1.【单选题】如何创建一个包含元素1、2、3的列表？（　）

A. list = {1,2,3}　　B. list = [1,2,3]

C. list = (1,2,3)　　D. list = "1,2,3"

2.【单选题】已有列表letters = ['a', 'b', 'c']，执行letters.insert (1, 'd')命令后，列表变为（　）。

A. ['a', 'd', 'b', 'c']　　B. ['a', 'b', 'd', 'c']

C. ['d', 'a', 'b', 'c']　　D. ['a', 'b', 'c', 'd']

3.【单选题】已有列表nums = [1, 2, 3, 4]，执行nums.pop(2)命令后，列表变为（　）。

A. [1,2,4]　　B. [1,3,4]　　C. [2,3,4]　　D. [1,2,3]

4.【判断题】list.remove（元素）会删除列表中第一个匹配的元素。（　）

5.【判断题】列表的索引从1开始。（　）

AI加油站

还想做更多题目吗？让AI助手来考考你，你可以提问："我已经初步学完Python中的列表知识点，考考我吧！请你分别出几道选择题、判断题，并标注星级难度！我将按顺序发给你答案，请你解析相关知识点，并根据我的

回答分析我的学习效果，同时给出建议或者学习路径、学习资源。”

码上行动

参考“源码秘境”完成“阅读清单”程序设计，并添加回收站功能：新建一个列表，从阅读清单中删除的书籍会自动存入回收站列表。

扫码看视频

AI加油站

完成编程任务啦？让AI助手打打分，把代码粘贴给AI并提问：“请你评价我的代码质量，并给出改进建议！”

创意工坊

1.创意大师

Python中列表相关的知识还有很多创意玩法等待你尝试，例如，购物清单管理、旅行规划、每日待办、课程表管理等。下面的案例设计的是一个故事生成器，你可以尝试添加更多列表（如形容词、地点），让故事更有趣！

```
# 故事生成器
subjects = ["外星人", "机器人", "魔法书"]
verbs = ["吃掉了", "炸毁了", "偷走了"]
objects = ["月亮", "数学作业", "校长的咖啡"]
story = f"{random.choice(subjects)}{random.choice(verbs)}{random.choice(objects)}! "
```

2. AI互动

试试向AI提出以下问题。

“能用列表制作一个‘幸运大转盘’程序吗？并告诉我每段代码的作用。”

“Python列表还能解决什么生活或者学习问题？有没有创意玩法？请举几个趣味场景。”

“我想用Python中的列表制作一个单词背诵管理程序，请你帮我列出详细的编程步骤，推荐合适的Python知识点，使用伪代码辅助我完成程序。”

3.灵感笔记

我想用列表做____________________

遇到的困难是____________________

需要AI帮我解决____________________

编程超能力

恭喜你完成列表相关知识的学习，快把新学的代码用法、好玩的项目创意、容易出错的地方记下来！也可以画思维导图梳理思路，帮知识牢牢“住”进大脑，以后编程就更厉害啦。

AI加油站

在学习中遇到什么问题了吗？快来和AI助手聊聊你的编程心得吧！试试提问：“对初学者来说，列表中的很多方法使用时记不住怎么办呢？用什么方法记编程语法？”

3.2 家庭小书库——字典相关知识

任务中心

你是否会有找不到家中图书的经历？是时候给家里的藏书来个智能变身啦！快来和AI助手一起解锁Python字典的魔法，学习Python中字典的相关知识，一起创建一个小小书库借阅系统吧，每个家庭成员都有对应的借阅书籍的名称、借阅日期、归还日期等信息。来实现家庭图书的高效管理吧！

任务解码站

1.掌握字典创建与访问字典中的值。

2.掌握字典中的添加、修改、删除。

3.掌握如何遍历字典中的所有键、所有值和键值对。

4.了解字典的嵌套应用。

单词剧场

key	dictionary	value	library
/ kiː /	/ ˈdɪkʃəneri /	/ ˈvæljuː /	/ ˈlaɪbreri /
键；钥匙	词典	值	图书馆

代码探秘

Python中的字典如同我们日常所用的各种字典，可以用来存放很多数据。在生活中，我们通过字典的目录来查找对应的汉字或词语，而在Python中，则通过键来查找对应的值。Python中的键就像字典中的页码，而值就是这个页码对应的内容。通常可以通过“变量名={}”或者“变量名=dict( )”创建一个字典，例如$a = \{\}$。

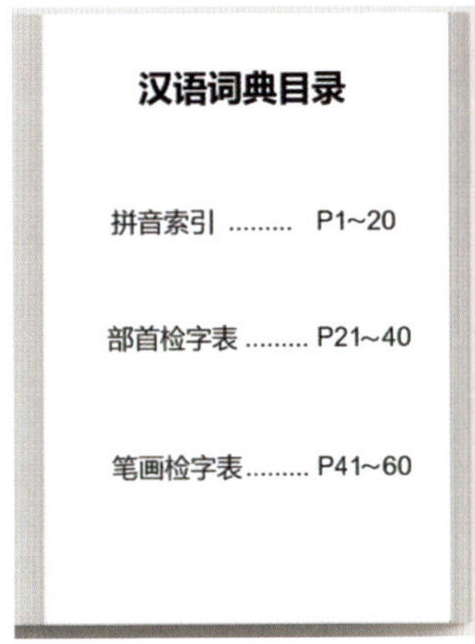

字典中键和值用冒号分隔，键值对之间用逗号分隔。

AI加油站

或许你还不知道家庭书库借阅系统中一般会存放哪些信息，不如问问AI助手吧！打开智能体，输入：“我是一名×年级的学生，我想做一个简单的图书借阅系统，我需要登记哪些借阅信息？”根据AI的帮助创建你的第一个家庭书库借阅系统吧！

1.字典的创建与初始化

字典是一系列键值对，每一个键都与一个值相关联，你可以使用键来访问与之关联的值。与键关联的值可以是数字、字符串甚至是字典（即嵌套字典）。下面的代码演示了如何创建一个字典xx_library，并为其添加了4条与键关联的字符串数据。

```
#初始化一个空字典用于存储小小书库的借阅情况
xx_library = {}
#输出当前小小书库的借阅情况
print("小小书库当前的借阅情况为：",xx_library)
#用键值对形式完整定义小小书库借阅信息
xx_library = {
    '图书名称':'《三体》',
    '借阅人':'爸爸',
    '借出日期':'2025年3月20日',
    '归还日期':'2025年6月1日'
}
#输出更新后小小书库的借阅情况
print("小小书库最新的借阅情况为：",xx_library)
```

程序运行结果如下。

小小书库当前的借阅情况为：{}

小小书库最新的借阅情况为：{'图书名称': '《三体》', '借阅人': '爸爸', '借出日期': '2025年3月20日', '归还日期': '2025年6月1日'}

2.访问字典中的值

和列表不同，字典没有索引，想要找到字典中的某个值（元素）就要找到与之对应的键。下面这张图就展示了xx_library这个字典中的键值对应关系。

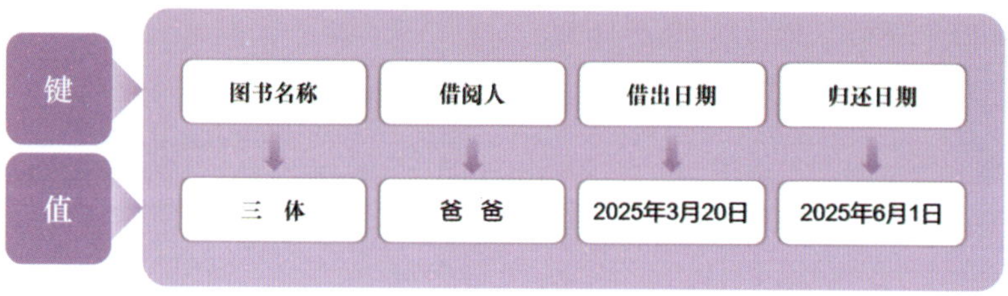

动脑想一想

字典中的键（Key）能不能对应两个或多个值（Value）呢？如果可以的话，会出现什么结果呢？将你思考的结果和AI助手交流一下吧！

接下来我们尝试输出字典中的值。例如，当你想知道小小书库中的借阅人时，你就要找到与之对应的键名'借阅人'。

```
#输出小小书库中的借阅人
print(xx_library['借阅人'])
```

程序运行结果如下。

'爸爸'

在字典中，也可以通过输入多个键来查找与其对应的值，两个键之间用逗号隔开。例如xx_library['借出日期', '归还日期']。

动手试一试

尝试输出xx_library['name']。

Bug研究所

“KeyError: 'XXX'”这个错误通常发生在尝试访问字典中不存在的键值对时。

3.向字典添加键值对

如果你想把书籍的作者信息也加入小小书库，该怎么办？我们可以随时向小小书库字典添加键值对，在添加的时候依次指定字典名、用方括号括起的键和相关联的值。

```
#添加新的键值对
xx_library['作者'] = '刘慈欣'
#输出新增作者信息之后的小小书库借阅情况
print("新增作者信息之后的小小书库借阅情况:",xx_library)
```

程序运行结果如下。

新增作者信息之后的小小书库借阅情况：{'图书名称'：'《三体》'，'借阅人'：'爸爸'，'借出日期'：'2025年3月20日'，'归还日期'：'2025年6月1日'，'作者'：'刘慈欣'}

4.修改字典中的值

《三体》这本书被爸爸归还之后，又被哥哥借走了，因此要对小小书库中的借阅信息进行更改，具体应该怎么做呢？修改字典中的值只需对与之关联的键重新进行赋值即可。

```
#修改字典中的值
xx_library['借阅人'] = '哥哥'
xx_library['借出日期'] = '2025年6月2日'
xx_library['归还日期'] = '待归还'
#输出小小书库借阅情况修改后的结果
print("修改后小小书库中的借阅情况：",xx_library)
```

程序运行结果如下。

修改后小小书库中的借阅情况：{'图书名称'：'《三体》'，'借阅人'：'哥哥'，'借出日期'：'2025年6月2日'，'归还日期'：'待归还'，'作者'：'刘慈欣'}

5.删除键值对

对于小小书库借阅系统中不需要的信息，可以将其删除。在Python字典中，可使用del语句将相应的键值对彻底删除。在使用del语句时，必须指定字典名和要删除的键。

```
#删除信息
del xx_library['作者']
#输出删除后的借阅情况
print("删除小小书库借阅系统中的作者信息后，借阅情况为：",xx_library)
```

程序运行结果如下。

删除小小书库借阅系统中的作者信息后，借阅情况为：{'图书名称'：

'《三体》', '借阅人': '哥哥', '借出日期': '2025年6月2日', '归还日期': '待归还'}

小禾敲黑板

在删除字典中的键值对时，一定要注意输入的键名是字典中存在的。

动脑想一想

① 使用pop方法可以删除列表中的元素，能否使用这个方法删除字典中的元素呢?

② 学习完了字典的基础知识，不妨想一想，它跟列表有什么不同? 将你思考的结果跟AI助手一起交流一下吧!

6.知识拓展

（1）查看字典中的所有键

当需要了解小小书库借阅系统中有哪些信息的时候，可以使用keys()方法来查看字典中的所有键。下面来查看字典xx_library，并把这个小小书库借阅系统中的键打印出来。

```
#输出查看字典小小书库借阅系统中的所有键
print("小小书库借阅系统中的所有键为：",xx_library.keys())
```

程序运行结果如下。

小小书库借阅系统中的所有键为：dict_keys(['图书名称', '借阅人', '借出日期', '归还日期'])

（2）查看字典中的所有值

如果想要知道字典小小书库借阅系统中的值，可以使用values()方法，它会返回字典中的所有值。

```
#输出查看字典小小书库借阅系统中的所有值
print("小小书库借阅系统中的所有值为：",xx_library.values())
```

程序运行结果如下。

小小书库借阅系统中的所有值为：dict_values(['《三体》', '哥哥', '2025年6月2日', '待归还'])

（3）查看字典中的所有键值对

当需要显示小小书库借阅系统中的所有信息时，要编写用于遍历字典的for循环，可声明两个变量，用于存储键值对中的键和值。对于这两个变量，可使用任何名称。下面来遍历字典xx_library，把这个借阅系统中的所有键值对打印出来。

```
#遍历字典小小书库借阅系统中的键值对
for key in xx_library:
    print(f"Key:{key},Value:{xx_library[key]}")
```

程序运行结果如下。

```
Key：图书名称，Value：《三体》
Key：借阅人，Value：哥哥
Key：借出日期，Value：2025年6月2日
Key：归还日期，Value：待归还
```

AI加油站

还有没有其他办法可以查看字典中的所有键值对？不如问问AI助手吧！打开智能体，输入："我是一名×年级的学生，在学习Python字典知识点时遇到了一个问题，除了遍历字典能够查看字典中的所有键值对，还有其他方法可以查看所有键值对吗？你帮帮我吧。"根据AI的帮助，学习其他查看键值对的方法吧！

（4）字典的嵌套

实际上，我们的小小书库借阅系统目前只能记录一个人的书籍借阅情况，如何添加其他人的借阅情况呢？不妨试试字典嵌套，它可以帮助我们添加多个人的借阅信息。例如，下面的代码就创建了一个能存储多人信息的借阅系统。

```
#定义一个嵌套字典，存储借阅系统信息
#外层字典的键是姓名，值是对应的详细信息（内层字典）
xx_library={
    '爸爸':{        #第一个家庭成员
        '图书名称':'《三体》',
        '借出日期':'2025年3月20日',
        '归还日期':'2025年6月1日',
    },
    '妈妈':{        #第二个家庭成员
        '图书名称':'《红楼梦》',
        '借出日期':'2025年3月13日',
        '归还日期':'待归还',
    },
    '哥哥':{        #第三个家庭成员
        '图书名称':'《流浪地球》',
        '借出日期':'2025年5月23日',
        '归还日期':'待归还',
```

```
    },
}
#遍历借阅系统字典中的每个键值对
for key in xx_library:
    print(f"家庭成员:{key},借阅情况:{xx_library[key]}")
```

程序运行结果如下。

家庭成员：爸爸，借阅情况：{'图书名称': '《三体》', '借出日期': '2025年3月20日', '归还日期': '2025年6月1日'}

家庭成员：妈妈，借阅情况：{'图书名称': '《红楼梦》', '借出日期': '2025年3月13日', '归还日期': '待归还'}

家庭成员：哥哥，借阅情况：{'图书名称': '《流浪地球》', '借出日期': '2025年5月23日', '归还日期': '待归还'}

字典不仅可以嵌套字典，也可以嵌套其他类型的数据，比如列表。下面使用嵌套列表的方法再来做一个添加多个家庭成员信息的书籍借阅系统。

```
#定义 3 个独立字典分别存储家庭成员借阅图书的信息
dad = {
    '成员':'爸爸',
    '图书名称':'《三体》',
    '借出日期':'2025年3月20日',
    '归还日期':'2025年6月1日',
}
mom = {
    '成员':'妈妈',
    '图书名称':'《红楼梦》',
    '借出日期':'2025年3月13日',
    '归还日期':'待归还',
}
bro = {
    '成员':'哥哥',
    '图书名称':'《流浪地球》',
    '借出日期':'2025年5月23日',
    '归还日期':'待归还',
}
#创建家庭成员列表，将这 3 个字典作为元素存入
family = [dad,mom,bro]
#遍历联系人列表
for value in family:
    print(value)
```

程序运行结果如下。

{'成员': '爸爸', '图书名称': '《三体》', '借出日期': '2025年3月20日', '归还日期': '2025年6月1日'}

{'成员': '妈妈', '图书名称': '《红楼梦》', '借出日期': '2025年3月13日', '归还日期': '待归还'}

{'成员': '哥哥', '图书名称': '《流浪地球》', '借出日期': '2025年5月23日', '归还日期': '待归还'}

AI加油站

知识点没懂？没关系，让AI助手用有趣的方式讲给你听，试试提问："什么时候使用字典的嵌套？"

源码秘境

下面这段代码实现了一个简单的书库借阅系统，允许用户通过输入功能编号来添加书籍、借阅书籍、归还书籍。

扫码看视频

```
#初始化书库，用字典直接存储书名与状态
books = {
    "《三体》": "可借",
    "《哈利波特》": "已借出"
}
#主程序循环
while True:
    print("\n===== 家庭小书库 =====")
    print("1.添加新书  2.借书 3.还书 4.退出")
    choice = int(input("请输入选项数字："))
    #添加新书（覆盖同名旧书）
    if choice == 1:
        new_book = input("输入书名（带书名号，如《呐喊》）：")
        books[new_book] = "可借"  #新书 默认可借
        print(new_book,"成功上架！")  #去掉书名号显示
    #借书功能
    elif choice == 2:
        target = input("想借哪本书？（带书名号）：")
        if target not in books:
            print("书架上没有这本书")
        elif books[target] == "已借出":
            print(target,"正在被借阅中")
        else:
            books[target] = "已借出"
            print("成功借走",target,"记得看完了归还哦")
    #还书功能
    elif choice == 3:
        return_book = input("归还哪本书？（带书名号）：")
        if return_book not in books:
            print("这不是我们家的书")
        elif books[return_book] == "可借":
            print("这本书本来就在书架上呀，没有被借出哦")
```

```
        else:
            books[return_book] = "可借"
            print("感谢归还",return_book)
    #退出系统
    elif choice == 4:
        print("感谢使用，我们下次再见！")
        break
    else:
        print("请输入正确的指令哦")
```

试炼工坊

1.【单选题】以下哪种方式可以正确创建一个包含键值对"name": "Alice"的字典？（　）

A. dict = [("name", "Alice")]　　B. dict = {"name" -> "Alice"}

C. dict = {"name": "Alice"}　　D. dict = (name="Alice")

2.【单选题】若student = {"id": 101, "age": 20}，如何获取键为"age"的值？（　）

A. print(student['age'])　　B. print(student['id'])

C. print(student['101'])　　D. print(student['20'])

3.【单选题】字典fruit = {"name": "apple", "price": 5}，将价格修改为6的正确操作是（　）。

A. fruit["price"] = 6　　B. fruit.update("price": 6)

C. fruit.setdefault("price", 6)　　D. fruit["Price"] = 6

4.【判断题】要删除字典中的键值对需要使用del方法，删除列表中的元素需要用remove方法。（　）

5.【判断题】字典和列表都可以进行嵌套应用。（　）

AI加油站

还想做更多题目吗？让AI助手来考考你，你可以跟AI助手说："我已经初步学完Python字典的知识点，考考我吧！请你分别出几道选择题、判断题，并标注星级难度！我将按顺序发给你答案，请你解析相关知识点，并根据我的回答分析我的学习效果，同时给出建议或者学习路径、学习资源。"

码上行动

扫码看视频

参考"源码秘境"的程序设计，添加查看书库功能：输入功能编号，显示该书库中的所有书籍借阅信息。

AI加油站

完成编程任务啦？让AI助手打打分，把代码粘贴给AI并提问：“请你评价我的代码质量，并给出改进建议！”

创意工坊

1.创意大师

Python字典还有很多创意玩法等待你尝试，例如，家庭医药箱管理系统、购物清单助手、食材卡路里翻译器等。下面是一个每日营养盲盒程序，你可以尝试使用字典的嵌套，让你的每日营养盲盒更丰富、更有趣！

```
# 每日营养盲盒
import random
menu = {
    "早餐": ["煎蛋+全麦面包", "燕麦粥+香蕉", "蔬菜蒸饺+豆浆"],
    "午餐": ["香煎三文鱼+糙米饭", "虾仁沙拉+南瓜汤", "牛排+烤时蔬"],
    "晚餐": ["海鲜豆腐煲", "鸡胸肉温沙拉", "番茄意面"],
    "甜点": ["酸奶碗", "水果拼盘", "低卡布丁"]
}
print(" 今日食谱生成器 ")
for meal, options in menu.items():
    print(f"\n{meal}推荐：{random.choice(options)}")
print("\n 热量：1200-1500kcal  备注：记得多喝水哦~")
```

2. AI互动

试试向AI提出以下问题。

“能用字典做一个‘单词大记忆’程序吗？并告诉我每段代码的作用。”

“Python字典还能解决什么生活或者学习问题？有没有创意玩法？请举几个趣味场景。”

“我想用Python字典做一个学生成绩管理系统，请你帮我列出详细的编程步骤，推荐合适的Python知识点，使用伪代码辅助我完成程序。”

3.灵感笔记

我想用字典做________________________________

遇到的困难是________________________________

需要AI帮我解决________________________________

编程超能力

恭喜你完成字典相关知识的学习，快把新学的代码用法、好玩的项目创意、容易出错的地方记下来！也可以画思维导图梳理思路，帮知识牢牢“住”进大脑，以后编程就能更厉害啦。

AI加油站

在学习中遇到什么问题了吗？快来和AI助手聊聊你的编程心得吧！试试提问：“对初学者来说，如何快速掌握字典的使用？我应该什么时候使用字典？什么时候使用列表、元组？”

3.3 自助售货机——函数的定义与调用

任务中心

在日常生活中，随处可见自助售货机，你想知道它背后的工作原理吗？今天我们就用函数的神奇指令，创建一台“虚拟售货机”，只要把手中的“硬币”投进去，选择自己想要的商品，它就会弹出商品并且找零，快来一起试试吧。

任务解码站

1.掌握定义函数与调用函数的方法。

2.掌握全局变量与局部变量的使用。

3.掌握函数中的参数传递和返回值。

4.了解函数的嵌套应用。

单词剧场

define	function	return	goods
/dɪˈfaɪn/	/ˈfʌŋkʃ(ə)n/	/rɪˈtɜːn/	/gʊdz/
定义	功能；函数	返回；回复	商品

代码探秘

函数就像人们使用的“工具箱”，在生活中，你只需往榨汁机中放入水果，按下榨汁机上的按钮，它就会自动榨出果汁。在Python中，函数也是一段人们“预设好的方法”，输入数据，它就会按照规则处理，并返回结果。而这个“工具箱”则由你来创造，你想赋予它什么样的功能都由你来决定，这就是函数的定义。

通常可以通过“def函数名():”来定义一个函数，而跟在冒号后面的所有缩进行则构成了函数体。

AI加油站

函数名是由我们自己命名的，那么它跟我们之前学习的变量的命名规则是一样的吗？不如问问AI助手吧！打开智能体，输入：“在Python中，函数和变量的命名规则一样吗？”根据AI的回答，了解函数的命名规则。

1.函数的定义与使用

函数的定义需要使用def关键字，可以把它理解成“定义（define）”的缩写，格式为“def函数名():”。

定义函数后，需要在冒号后面的缩进行中编写这个函数要实现的功能代码。下面的代码定义了一个简单的函数。buy是我们给这个函数起的名字，下面3行代码都进行了缩进，表示属于这个函数。该函数实现了简单的购买逻辑——让用户输入购买商品、投币金额，最后提示购买成功。这些构成了buy函数独特的功能。

```
# 定义一个buy函数
def buy():
    good = input("请输入要购买的商品：")
    pay = int(input("请投币（例如5、10）："))
    print("购买成功！")
```

你会发现，运行程序后没有任何结果显示出来。这是因为目前只是完成了函数的创建，还没有使用它。定义好函数后，得让它真正“动起来”，这就需要调用函数。

很简单，在这个函数后使用buy()就可以完成调用。

```
def buy():
    good = input("请输入要购买的商品：")
    pay = int(input("请投币（例如5、10）："))
    print("购买成功！")
# 调用函数
buy()
```

程序运行结果如下。

```
请输入要购买的商品：可乐
请投币（例如5、10）：10
购买成功！
```

Bug研究所

在Python中，必须先定义函数，再调用。就好比你要使用一个工具，得先把工具制作出来，才能用它干活儿。如果在代码里把buy( )写在前，把def buy( ):写在后面，程序就会报错：NameError: name 'buy' is not defined。

因此，定义函数是把一系列流程“打包”，调用函数就是使用“打包好的流程”。比如，定义一个“做早餐”的函数，里面包含煎蛋、烤面包、打豆浆。调用它的时候，就会依次开展这些步骤，做出一份早餐。

请注意，这个函数是可以重复调用的。例如，写了3行buy()，那么这个函数就会被调用3次。通过定义与调用buy函数，可以使代码更为规整，后续还能给函数添加更丰富的功能，让它变得更强大。

动手试一试

创建一个while循环，将调用函数的代码写在循环中。

2.局部变量

在函数内部定义的变量就像“保险箱”，只能在这个函数里使用，这就是局部变量。下面这段代码中的good、pay、coupon这3个变量都是在buy函数中定义的，它们都是局部变量。若想在函数之外使用它，就会报错。下面的代码是一个错误示例。

```
def buy():
    good = input("请输入要购买的商品：")
    pay = int(input("请投币（例如5、10）："))
    # 定义局部变量优惠券金额
    coupon = 1
    print(f"购买成功！使用优惠券{coupon}元")
buy()
print(coupon)
```

3.全局变量

全局变量一般是定义在函数外面的变量。不管是buy函数还是其他函数都能使用它。这就是“全局”的含义。

在自助售货机程序中，需要定义一个覆盖程序全局的变量来记录自助售货机中的商品和价格。在下面的代码中，使用字典定义了3种商品及其价格。在buy函数中，使用if good not in goods来判断用户输入的商品名称在不在全局变量goods中。如果不存在则给出提示。

```
# 定义全局变量，包含商品的名称与价格
goods = {
    "可乐": 4,
    "雪碧": 3,
    "矿泉水": 2,
}
def buy():
    good = input("请输入要购买的商品：")
    pay = int(input("请投币（例如5、10）："))
    # 使用全局变量
    if good not in goods:
        print("没有这种商品！")
    else:
        coupon = 1
        print(f"购买成功！使用优惠券{coupon}元")
buy()
```

程序运行结果如下。

```
请输入要购买的商品：方便面
请投币（例如5、10）：10
没有这种商品!
```

小禾敲黑板

in 运算符：判断元素是否存在于容器中（如字典中的键、列表中的元素）。

not in运算符：in的取反逻辑，判断元素是否不存在于容器中。

请注意，当函数仅读取全局变量的值时，是可以这样使用的，但如果函数需要修改全局变量的值，就会引发错误或产生意外的结果。下面的代码是一个错误示例。

```
count = 0  # 全局变量：记录排队人数
def queue():
    count = count + 1  # 尝试增加排队人数
    print(f"排队{count}人")
queue()
```

在这段代码中，Python 默认函数内的 count 是局部变量，但后续代码 count+1 又试图读取这个局部变量，而它尚未被赋值。如果想要避免这种错误，必须使用 global 来声明函数中的 count 为全局变量。

```
count = 0  # 全局变量
def queue():
    global count  # 声明这里使用的是全局变量count
    count = count + 1  # 现在可以安全地修改全局变量
    print(f"排队{count}人")
queue()  # 输出：排队1人
queue()  # 输出：排队2人
```

在Python中，局部变量和全局变量可以同名，但在函数内部，局部变量会覆盖全局变量。下面这个案例就体现了这一点。

```
count = 4        # 全局变量值为4
def queue():
    count = 5 # 局部变量值为5
    print(f"局部变量：排队{count}人")
queue()
print(f"全局变量：排队{count}人")
```

程序运行结果如下。

```
局部变量：排队5人
全局变量：排队4人
```

AI加油站

知识没看懂？让AI助手来帮帮你吧！你可以提问：“在Python中，什么是全局变量和局部变量？什么时候应该使用global声明？请你用最简单的方式清楚地讲给初学者。”

4.函数中的参数传递

如何告诉自助售货机你要买的商品是什么，以及你付了多少钱呢？这时，需要向自助售货机传递这些消息，在函数中这就是参数的传递。下面就来完善自助售货机程序中的购买函数。

整理代码，将函数中一些输入性的代码放在函数外的while循环中，让buy函数保持它最本质的功能——购买。在循环部分，需要把获得的输入信息输送给buy函数，也需要对函数进行修改。

```
goods = {
    "可乐": 4,
    "雪碧": 3,
    "矿泉水": 2,
}
# 定义购买函数，包含pay和good两个参数
def buy(pay, good):
    coupon = 1
    # 查询商品的价格
    price = goods[good]
    # 输入购买商品成功，价格为商品价格减去优惠券
    print(f"购买{good}成功！价格{price - coupon}元")
# 交互部分
while True:
    good = input("请输入要购买的商品：")
    if good not in goods:
        print("没有这种商品！")
    else:
        pay = int(input("请输入投币金额（例如5、10）："))
        # 将输入信息传送给
        buy(pay, good)
```

程序运行结果如下。

```
请输入要购买的商品：雪碧
请输入投币金额（例如5、10）：3
购买雪碧成功！价格2元
请输入要购买的商品：
```

当我们调用buy("雪碧", 3)时，Python内部发生了什么？

实参被赋值给形参：函数中的 good（形参）被赋值为“雪碧”（实参）；函数中的 pay（形参）被赋值为 3（实参）。

也就是说，在函数内部是形参，实际值为实参。这就像执行了“good = "雪碧"; pay = 3”程序。当然，在函数内部的good和pay是局部变量，只能在函数内部使用。

5.函数中的返回值

函数并非总是直接显示输出的，它也可以处理一些数据并返回一个或一组值，函数将计算结果发送给我们的值称为返回值。在上述buy函数中，直接计算了找零金额，我们不妨尝试单独设计一个计算找零函数，感受返回值的作用。

```
#定义了一个找零函数
def give_change(pay,price,good):
    money = pay - price
    return money
print('我购买了可乐,找零',give_change(10,5,'可乐'),'元')
```

程序运行结果如下。

我购买了可乐，找零5元

6.知识拓展

（1）递归

递归是指一个函数在执行过程中直接或间接调用自身。下面这段代码使用递归函数实现了从指定数字开始递减打印到0的功能。

```
def test(num):
    if num < 0: return
    print(num)
    test(num-1)

test(3)  # 输出3,2,1,0
```

程序运行结果如下。

3

2

1

0

运行逻辑如下。

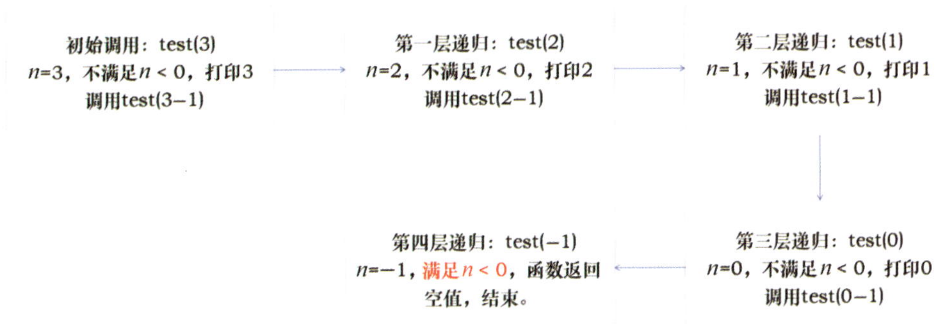

（2）默认参数

在定义函数时，我们可以为参数设置默认值，这样在调用函数时如果不传入该参数，就会自动使用默认值。这就像去餐厅点餐，有些配料是默认添加的，如果顾客没有特别的要求，就按默认的来。

```
def food(
    noodles ="圆面",        # 默认圆面
    spiciness ="微辣",      # 默认微辣
    toppings ="牛肉片"      # 默认牛肉片浇头
):
    return f"您点了一碗{spiciness}的{toppings}{noodles}！"

# 示例调用：
print(food())                        # 使用全部默认值
print(food("手擀面", "中辣"))         # 自定义面条和辣度
print(food(toppings="牛杂"))          # 自定义浇头
```

程序运行结果如下。

```
您点了一碗微辣的牛肉片圆面！
您点了一碗中辣的牛肉片手擀面！
您点了一碗微辣的牛杂圆面！
```

源码秘境

下面这段代码实现了一个简单的自助售货机系统，允许用户通过输入商品名称和投币金额来购买商品。

扫码看视频

```
goods = {
    "可乐": 4,
    "雪碧": 3,
    "矿泉水": 2,
}
# 定义自动售货机购买函数
def buy(pay, good):
    coupon = 1            # 优惠券金额
    global goods          # 声明使用全局变量
    price = goods[good] # 查询商品是否存在
    # 计算是否可以购买
    if pay < price - coupon:
        return f" 金额不足！需要{price}元，你投了{pay}元"
    else:
        money = pay - (price - coupon)
        return f"已购买：{good}，找零{money}元。"
# 用户交互部分
while True:
    print("可购买的商品：", list(goods.keys()))
    good = input("请输入要购买的商品：")
    if good not in goods:
        print("没有这种商品！")
    else:
        pay = int(input("请输入投币金额（例如5、10）："))
        # 调用函数并打印结果
        print(buy(pay, good))
        # 设置分割线
        print("="*20)
```

试炼工坊

1.【单选题】关于定义函数的关键字，以下说法正确的是（　　）。

A.使用call关键字定义函数　　B.使用def关键字定义函数

C.使用define关键字调用函数　　D.使用return关键字执行函数

2.【单选题】下列代码的输出是（　　）。

```
x = 10
def test():
    x = 20
test()
print(x)
```

A. 10　　B. 20　　C.报错　　D. 0

3.【单选题】以下关于Python函数的说法，正确的是（　）。

A.函数的参数可以是任意数据类型　　B.函数必须有return语句

C.函数内部不能修改全局变量　　D.函数的返回值只能是单个值

4.【判断题】函数可以同列表、字典、while循环结合起来使用。（　）

5.【判断题】函数内部可以直接读取全局变量的值，无须使用global声明。（　）

AI加油站

还想做更多题目吗？让AI助手来考考你，你可以跟AI助手说："我已经初步学完Python函数的知识点，考考我吧！请你分别出几道选择题、判断题，并标注星级难度！我将按顺序发给你答案，请你解析相关知识点，并根据我的回答分析我的学习效果，同时给出建议或者学习路径、学习资源。"

码上行动

参考"源码秘境"的程序设计，增加添加商品功能：输入商品名称和数量，将其添加到商品库存中。

扫码看视频

AI加油站

完成编程任务啦？让AI助手打打分，把代码粘贴给AI并提问："请你评价我的代码质量，并给出改进建议！"

创意工坊

1.创意大师

Python函数还有很多创意玩法等待你尝试，例如，用代码画画、文字冒险游戏等。下面是一个家务分配机器人程序，你可以尝试使用函数的嵌套，让家务分配机器人将时间分配得更详细。

```python
import random
housework = ["洗碗", "拖地", "倒垃圾", "擦窗户"]
family = ["爸爸", "妈妈", "小明", "妹妹"]
def share_housework():
    # 打乱家务顺序并分配
    random.shuffle(housework)
    return {人: 家务 for 人, 家务 in zip(family, housework)}
print("本周家务分配：")
print(share_housework())
```

2. AI互动

试试向AI提出以下问题。

"能用函数做一个'垃圾分类助手'程序吗？并告诉我每段代码的作用。"

"Python函数还能解决什么生活或者学习问题？有没有创意玩法？请举几个趣味场景。"

"我想用Python函数做一个快递分拣站小程序，请你帮我列出详细的编程步骤，推荐合适的Python知识点，使用伪代码辅助我完成程序。"

3.灵感笔记

我想用函数做______________________

遇到的困难是______________________

需要AI帮我解决______________________

编程超能力

恭喜你完成函数相关知识学习，快把新学的代码用法、好玩的项目创意、容易出错的地方记下来！也可以画思维导图梳理思路，帮知识牢牢"住"进大脑，以后编程就更厉害啦。

AI加油站

在学习中遇到什么问题了吗？快来和AI助手聊聊你的编程心得吧！

如果你是一名学习过数学函数的初中生，不妨试试提问："我是一名×年级的学生，Python中的函数跟数学里的函数有什么区别？"

如果你是一名没有接触过数学函数知识的小学生，不妨试试提问："我是一名×年级的学生，Python中为什么会有函数呢？"

3.4　电子日记本——文件读写

任务中心

记录生活点滴是珍藏成长记忆的珍贵方式。对于善于观察的学生来说，一个便捷的电子日记本能让你的日常记录更加生动有序。为了持久保存日记内容，我们可以借助Python强大的文件管理能力。现在，让我们通过学习Python文件操作相关的知识，用代码打造一个属于自己的小小电子日记本吧！

任务解码站

1.掌握打开文件的方法。

2.掌握读写文件的方法。

3.掌握添加文件内容和关闭文件的方法。

4.了解异常处理。

单词剧场

open	file	write	read
/ ˈoʊpən /	/ faɪl /	/ raɪt /	/ riːd /
打开；开启	文件；档案	编写；写入	阅读；读取

代码探秘

Python中的文件就像我们上学背的书包。打开文件的过程就像使用书包一样：首先要找到书包的位置（文件路径），然后根据需求选择打开方式——是清空书包重新整理（w：覆盖写入模式），还是往书包里添加物品（a：追加模式），或者只是检查书包里的物品（r：只读模式）。读取文件就像翻阅书包内的物品，可以一次性倒出所有东西。关闭文件则像是拉上书包拉链并放回原处，既保护物品安全，也方便下次快速取用。

1.打开文件的操作

不论以何种方式使用文件都需要先打开它，而open()函数就是打开它的钥匙。在上节讲解了Python函数中的参数传递和返回值，函数open()接受的参数即要打开的文件名称；返回值则表示文件对象，我们可以将这个对象存储在后面要使用的变量中。而with关键字表示不再需要访问文件后将其关闭。下面这个代码简单演示了如何使用open()函数打开文件，并将其返回的对象存储在变量中。

```
#使用open函数打开了我的日记.txt这个文件，并将其返回的对象存储到了diary
这个变量中，方便后续的读写操作。with关键字表示在不再需要访问文件后将其关闭
with open("我的日记.txt") as diary
```

AI加油站

在使用open()函数的过程中，对于文件的存放路径有什么要求？不如问问AI助手吧！打开智能体，输入：“我是一名×年级的学生，在学习Python文件知识点时遇到了一个问题，在使用open()函数的过程中，对于文件的存放路径有着怎样的要求？请你帮帮我吧。”根据AI的帮助，我们来学习文件路径相关的知识吧！

2.文件的读写操作

（1）文件的写入操作

保存数据最简单的方式之一就是将其写入文件。要将文本写入文件，需要在调用open()函数时提供另外一个实参，告诉Python我们要往这个打开的文件中写入内容。其基本格式为open("文件路径", "w")，这个w是英文单词write的简写，意为写入。之后使用文件对象的方法write()将要写的内容写入文件。需要注意的是，如果写入的文件不存在，函数open()将会自动创建它。下面的代码表示将日记内容写进“我的日记.txt”文件中。

```
with open("我的日记.txt", "w") as diary:
    #使用文件对象的方法write()将要写入的内容写进我的日记.txt文件中
    diary.write("2025年4月6日 晴\n")
    diary.write("今天学会了用Python写入文件！\n")
```

运行程序代码后，你会发现，运行结果处是空白的，那是因为程序并没有输出内容。但是在编辑器左侧，会出现“我的日记.txt”文件，说明程序通过open()函数自动创建了它。

（2）文件的读取操作

当需要将文件中的数据显示出来时，就会使用文件的读取操作。同样需要在调用open()函数时提供另外一个实参，告诉Python我们要在这个打开的文件中读取内容。其基本格式为open("文件路径", "r")，这个r是英文单词read的简写，意为读取。之后使用文件对象的方法read()将文件中的内容读取出来。如果需要打印输出，一定要记得加上print语句。下面的代码表示读取刚刚写入的日记内容并打印输出。

```
#使用open函数的读取模式打开了我的日记.txt这个文件，并将其返回的对象存储到了file_diary这个变量中。with关键字表示在不再需要访问文件后将其关闭
with open("我的日记.txt", "r") as diary:
    print("=== 日记内容 ===")
    #使用文件对象的方法read()将我的日记.txt中的内容读取出来，使用print语句打印输出
    print(diary.read())
```

程序运行结果如下。

```
===日记内容===
2025年4月6日晴
今天学会了用Python写入文件!
```

小禾敲黑板

除了读取模式（r）和写入模式（w），还有能够同时读取和写入文件的模式（r+），但如果省略了模式实参，Python 将以默认的只读模式打开文件。

动手试一试

如果要读取的文件不存在，会出现什么结果？大家不妨动手试一试，读取一个不存在的文件，看看Python会打印输出什么结果？

3.添加文件内容和关闭文件

（1）文件内容的添加

一般人们每天都会更新日记，这就需要每天往这本日记本内添加内容，如果每次都用写入模式（w）打开日记本，那么之前的日记内容就会被清空，并被新的内容覆盖。下面的代码就展示了更新日记后的情况。

```
with open("我的日记.txt","w") as diary:
    diary.write("2025年4月6日 晴\n")
    diary.write("今天学会了用Python写入文件!\n")
with open("我的日记.txt","r") as diary:
    print("=== 日记内容 ===")
    print(diary.read())
with open("我的日记.txt","w") as diary:
    diary.write("2025年4月7日 晴\n")
    diary.write("今天又学习了python的新知识!")
with open("我的日记.txt","r") as diary:
    print("=== 日记内容 ===")
    print(diary.read())
```

程序运行结果如下。

===日记内容===

2025年4月6日晴

今天学会了用Python写入文件!

===日记内容===

2025年4月7日晴

今天又学习了Python的新知识!

如何来解决这个问题呢？Python提供了附加模式（a）。当你以附加模式打开文件时，Python不会在返回文件对象前清空文件，而你写入文件的内容都会被添加到文件的末尾。下面的代码便使用了附件模式（a）来进行日记的更新。

```
with open("我的日记.txt", "w") as diary:
    diary.write("2025年4月6日 晴\n")
    diary.write("今天学会了用Python写入文件! \n")
with open("我的日记.txt", "r") as diary:
    print("=== 日记内容 ===")
    print(diary.read())
#使用open函数的附加模式打开了我的日记.txt这个文件，并将其返回的对象存储到了file_diary这个变量中，方便后续的读写操作。with关键字表示不再需要访问文件后将其关闭
with open("我的日记.txt", "a") as diary:
    #使用文件对象的方法write()将要写入的内容写进我的日记.txt文件中
    diary.write("2025年4月7日 晴\n")
    diary.write("今天又学习了python的新知识! ")
with open("我的日记.txt", "r") as diary:
    print("=== 日记内容 ===")
    #使用文件对象的方法read()将我的日记.txt中的内容读取出来，使用print语句打印输出
    print(diary.read())
```

程序运行结果如下。

```
===日记内容===
2025年4月6日晴
今天学会了用Python写入文件!
===日记内容===
2025年4月6日晴
今天学会了用Python写入文件!
2025年4月7日晴
今天又学习了Python的新知识!
```

（2）文件的关闭

当人们写好日记后都会把日记本合上，如果一直打开就有被其他人看到和修改的风险，Python中的文件同理。关闭Python中已打开的文件有两种方式：第一种就是前面用到的with关键字，使用它表示不再需要访问文件后，文件将会自动关闭；第二种就是使用close()方法，表示手动关闭文件。下面的代码主要演示了手动关闭文件close()方法的使用。

```
#使用手动关闭close()方法打开我的日记.txt文件，并写入内容
diary = open("我的日记.txt","w")
#使用write方法写入内容
diary.write("2025年4月6日 晴\n")
diary.write("今天学会了用Python写入文件!\n")
#使用close()方法关闭文件diary.close()
diary = open("我的日记.txt","r")
#使用手动关闭close()方法打开我的日记.txt文件，并读取内容
print("===日记内容===")
#使用read方法读取内容并打印输出
print(diary.read())
#使用close()方法关闭文件
diary.close()
```

程序运行结果如下。

```
===日记内容===
2025年4月6日晴
今天学会了用Python写入文件!
```

动脑想一想

① Python文件操作中的写入模式（w）与给变量赋值类似，有什么需要

我们注意的吗？

② 如果直接读取一个大文件时会出现什么情况呢？将你思考的结果跟AI助手一起交流一下吧！

AI加油站

细心的你肯定发现了，在我们使用open()函数生成我的日记.txt文件时，可以直接在海龟编辑器左侧找到我的日记.txt这个文件，那么不妨尝试一下不使用Python中的文件读取操作，而是直接用鼠标右键打开这个文件。此时会发现直接打开该文件会出现乱码，这是为什么呢？不如问问AI助手吧，打开智能体，输入："我是一名×年级的学生，在学习Python文件的知识点中遇到了一个问题，为什么直接打开使用open()函数创建的.txt文件会显示乱码？你帮帮我吧。"根据AI的帮助，学习编码的知识吧！

4.知识拓展——异常处理

（1）什么是异常

Python会使用被称为异常的一个特殊对象来管理程序执行期间发生的错误。如果你编写了处理该异常的代码，那么程序会按照你的处理继续去运行，否则这个程序将被停止，并返回一个traceback，这里面包含有关的异常报告。下面这个代码案例就显示了一个异常。

```
#将my diary.txt文件存储到变量file_name中
file_name = "my diary.txt"
#读取file_name中的内容
with open(file_name)as f:
    contents =f.read()
```

程序运行结果如下。

```
FileNotFoundError: [Errno 2] No such file or directory: 'my diary.txt'
```

（2）处理FileNotFoundError异常

上面这个案例体现了使用文件时经常出现的一个异常：找不到文件。原因是你要找的文件可能在其他地方、文件名可能不正确、这个文件可能根本就不存在。不管是哪种情况，都可以使用try-except代码块来进行处理。由于这个异常是使用open()函数导致的，因此，要将try语句放在open()函数前面，将except语句放在open()函数的后面，并且附上异常类型名称。如果try代码块中的代码运行起来没有问题，那么，Python将跳过except代码块，并运行其中的代码。如果try代码块中的代码引发了异常，则Python将查找except代码块，并运行与except代码块中相同异常类型的代码。下面这个代码就演示了如何处理FileNotFoundError异常。

```
#将my diary.txt文件存储到变量file_name中
file_name = "my diary.txt"
#使用try-except代码块处理可能引发的异常
try:
    #读取file_name中的内容
    with open(file_name) as f:
        contents = f.read()
except FileNotFoundError:
    attention = "抱歉，您读取的文件可能不存在"
    print(attention)
```

程序运行结果如下。

```
抱歉，您读取的文件可能不存在。
```

（3）处理UnicodeDecodeError异常

还记得我们在“AI加油站”中跟着AI小助理学习的编码知识吗？当我们使用与文件不同的编码方式读取文件时，就会出现UnicodeDecodeError异常，下面这个代码案例就展示了这个异常。

```
#使用utf-8的编码方式打开我的日记.txt文件，读取里面的内容
with open("我的日记.txt","r",encoding='utf-8') as diary:
    print("===日记内容===")
    #使用文件对象的方法read()将我的日记.txt中的内容读取出来，使用
print语句打印输出
print(diary.read())
```

程序运行结果如下。

```
UnicodeDecodeError: 'utf-8' codec can't decode byte 0xbd in position 0: invalid start byte
```

下面还是通过try-except代码块来进行处理，可以采用安全读取策略，使用嵌套的方式多尝试其他的编码方式读取。下面这个案例的代码就处理了这个异常。

```
#使用try-except代码块的嵌套，处理了UnicodeDecodeError异常
try:
    with open("我的日记.txt", "r",encoding='utf-8') as diary:
        print("=== 日记内容 ===")
    #使用文件对象的方法read()将我的日记.txt中的内容读取出来，使用
print语句打印输出
        print(diary.read())
except UnicodeDecodeError:
    try:
        with open("我的日记.txt", "r",encoding='gbk') as
diary:
            print("=== 日记内容 ===")
        #使用文件对象的方法read()将我的日记.txt中的内容读取出来，使用
print语句打印输出
            print(diary.read())
    except UnicodeDecodeError:
        print("文件编码不兼容")
```

程序运行结果如下。

===日记内容===

今天又学习了Python的新知识!

Bug研究所

除了上面两个异常，在文件操作中还会遇到哪些异常？不如问问AI助手吧！打开智能体，输入："我是一名×年级的学生，在学习Python文件的知识点中遇到了一个问题，除了FileNotFoundError和UnicodeDecodeError这两个异常，还有其他常见的异常吗？你帮帮我吧。"根据AI的帮助，我们来了解其他常见的异常吧！

AI加油站

知识点没懂？没关系，让AI助手用有趣的方式讲给你听，试试提问："作为一个初学者，请你用有趣的方式告诉我，如何在编写代码的过程中，尽量不出现异常？"

源码秘境

下面这段代码制作了一个简单的日记本，用户可以对日记本进行查看与更新。为了避免出现错误，你也可以使用"知识拓展"中的方法补充处理。

扫码看视频

```python
def write_diary():
    # 添加新日记
    print("写日记啦！(按回车键换行,在空行回车完成输入)")
    content = []
    while True:
        line = input()
        if line == "":
            break
        content.append(line)
    with open("diary.txt", "a", encoding="utf-8") as file:
        # 使用for循环分行写入
        for line in content:
            file.write(line + "\n")
        # 添加分割线
        file.write("==========\n")
    print("日记保存成功！")
def read_diary():
    # 查看所有日记
    with open("diary.txt", "r", encoding="utf-8") as file:
        entries = file.read()
        if not entries:
            print("日记本还是空空的哦！")
        else:
            print("=== 我的日记 ===")
            print(entries)
print("欢迎使用小小日记本")
while True:
    print("请选择 1.写新日记; 2.看日记; 3.退出")
    choice = input("请输入数字选择：")
    if choice == "1":
        write_diary()
    elif choice == "2":
        read_diary()
    elif choice == "3":
        print("日记本已安全关闭，再见！")
        break
    else:
        print("请按功能选择！")
```

试炼工坊

1.【单选题】使用以下哪种模式打开文件可以追加内容而是不覆盖原有内容？（ ）

A. r　　B. w　　C. a　　D. x

2.【单选题】使用with open('file.txt', 'r') as f:语句打开文件的主要优势是（　）。

A.文件读取速度更快　　B.自动处理文件关闭

C.支持写入二进制数据　　D.允许同时读写文件

3.【单选题】用'w'模式打开文件时，如果该文件不存在，会出现什么结果？（　）

A.文件不存在会报错　　B.会自动创建一个内容为空的文件

C.不出现任何结果　　D.会自动随机读取一个文件

4.【判断题】使用'w'模式打开已存在的文件时，原内容会被保留。（　）

5.【判断题】不调用close()方法关闭文件，可能导致写入的内容丢失。（　）

AI加油站

让AI助手来考考你，你可以跟AI助手说："我已经初步学完Python文件的知识点，考考我吧！请你分别出几道选择题、判断题，并标注星级难度！我将会按顺序发给你答案，请你解析相关知识点，并根据我的回答分析我的学习效果，同时给出建议或者学习路径、学习资源。"

码上行动

参考"源码秘境"中的程序设计，给日记本加上你的密码锁吧。给日记本设定一个密码，就需要输入正确的密码，这样才能打开日记本。如将密码设定为8888，需要用户先输入正确的密码8888，才能进入日记本，否则会提示密码输入错误！

扫码看视频

AI加油站

完成编程任务啦？让AI助手打打分，把代码粘贴给AI并提问："请你评价我的代码质量，并给出改进建议！"

创意工坊

1.创意大师

Python文件还有很多创意玩法等待你尝试，例如，科学实验数据记录仪、量化前电子账本、宠物成长日记等。下面是一个课堂笔记整理器的案例，你可以尝试使用文件的读写操作，让你的课堂笔记整理器更丰富、更有趣！

```python
while True:
    print("\n1.添加笔记 2.查看笔记 3.退出")
    c = input("请选择：")
    if c == '1':
        content = input("输入今日要点：")
        with open("课堂笔记.txt", "a") as f:
            f.write(f"[{input('科目：')}] {content}\n")
    elif c == '2':
        try:
            with open("课堂笔记.txt") as f:
                print("\n=== 我的笔记 ===\n"+f.read())
        except:
            print("还没有笔记哦！")
    elif c == '3': break
```

2. AI互动

试试向AI提出以下问题。

“怎么用文件帮妈妈管理超市购物清单？”

“Python文件还能解决什么生活或者学习问题？有没有创意玩法？请举几个趣味场景。”

“我想利用Python文件相关知识给妈妈设计一个备忘录程序，请你帮我列出详细的编程步骤，推荐合适的Python知识点，使用伪代码辅助我完成程序。”

3.灵感笔记

我学习了文件的操作，可以用在下面这些方面________________

遇到的困难是________________________________

需要AI帮我解决______________________________

编程超能力

恭喜你完成了文件相关知识的学习，快把新学的代码用法、好玩的项目创意、容易出错的地方记下来！也可以画思维导图梳理思路，帮知识牢牢“住”进大脑，以后编程就能更厉害啦！

AI加油站

在学习中遇到什么问题了吗？快来和AI助手聊聊你的编程心得吧！试试提问：“Python中的BUG就是异常吗？为什么Python不能像人一样自己去发现问题，然后解决问题，请你用生动形象的语言给我解释一下吧！”

第4章

好玩的Python库

4.1 “你追我赶”小游戏——Pygame Zero库

任务中心

适度地玩一玩游戏可以放松身心，也可以让思维更灵敏，而创造属于自己的游戏更是充满乐趣和成就感！想象一下，你和好朋友坐在计算机前，一人控制一个角色进行竞技比赛……接下来，我们将从最基础的游戏窗口开始，逐步添加角色、设计操控方式、制定游戏规则，一起用Python打造一个专属的双人追逐游戏。

任务解码站

1.学习使用Pygame Zero创建简单的游戏。

2.掌握游戏角色的控制方法。

3.实现游戏计时和胜负判定。

单词剧场

actor	count	state	keyboard
/ ˈæktər /	/ kaʊnt /	/ steɪt /	/ ˈkiːbɔːrd /
演员；参与者	计数	状态	键盘

代码探秘

什么是“库”？想象你要组装一台遥控赛车，你可以选择：（1）从零开始，自己造轮胎、马达、电路板等；（2）使用套件，直接使用现成的轮胎、马达来组装。

Python中的库（Library）就像第二种选择——使用别人已经写好的代码工具包，更快速、更专注地实现复杂的功能！也就是说，库就是你的编程工具包。在前面的课程中，介绍了模块的概念，它们之间有什么区别呢？库的功能比较丰富，就像一个工具箱，而模块的功能比较单一，就像工具箱里的工具。

在海龟编辑器中有一个简单的“库管理”的功能，其中内置了一些Python库，用户可通过搜索找到自己需要的库并安装或卸载。

小禾敲黑板

并不是所有的库都能在“库管理”中找到，更多库的安装方法请查看附录。

AI加油站

Python有很多用于游戏制作的库，它们都有什么特点呢？请你向AI编程助理提问：“Python有哪些常用的用于游戏制作的库？请你对比分析它们的特点，并告诉我，哪些更适合初学者。”

安装完毕后还要将库导入程序中才能使用，下面介绍两种常见的导入方式。

```
# 方式1 完整导入
import pgzrun
# 使用时要写上pgzrun前缀
pgzrun.go()
```

直接使用import命令导入是最基础的导入方式，就像你有一个美术工具箱，先把整个工具箱搬到作品中。使用时需要带“工具箱名”作为前缀，就像使用红色颜料时打开工具箱拿取一样。当库名太长时可以简化，使用as+简化名。

```
# 方式1 完整导入
import pgzrun as pz
# 使用时要写上pz前缀
pz.go()
```

如果只需库的少数功能，则可以选择使用from命令精准导入，就像直接从美术工具箱拿出红色颜料放在桌面上，随时可用一样。但这时只能使用go()函数，而不能直接使用pgzrun库的其他功能。

```
# 方式2 精准导入（只导入go函数）
from pgzrun import go
# 使用时直接写
go()
```

1. Pygame Zero库

Pygame Zero是专门为Python游戏开发初学者设计的简化框架，它构建在Pygame库的基础之上，通过封装复杂的底层实现细节，让初学者能快速上手并实现自己的游戏创意。它主要通过以下几个核心函数构建游戏逻辑。

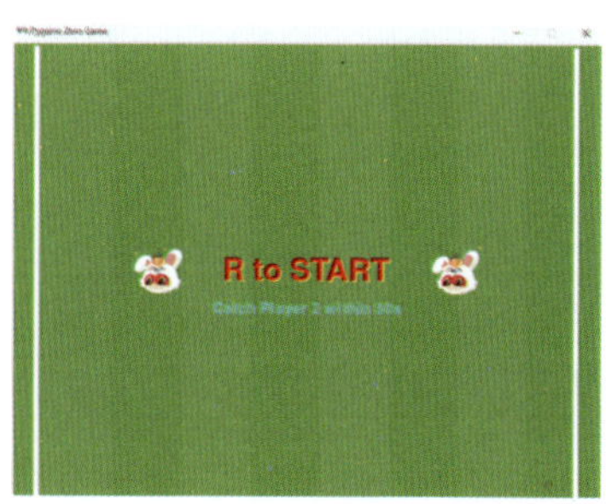

draw()函数：自动负责游戏的画面渲染。

update()函数：处理游戏的逻辑等内容。

事件处理函数：如on_key_down()、on_mouse_move()等，响应用户输入。

AI加油站

请你向AI助手提问：“我是一个初学者，请你告诉我Pygame Zero里最常用的函数，比如，怎么让角色移动、怎么画东西、怎么检测碰撞？最好有简单的例子！”

2.创建游戏窗口和角色

（1）游戏规则

想象一下：你和朋友各自控制一个角色，两个角色一个追，一个逃，30秒内能不能抓到对方呢？这就是我们要做的双人追逐游戏！我们可以像下面这样制订游戏规则。

> 玩家1使用方向键（↑、↓、←、→）移动；
>
> 玩家2使用w、s、a、d键移动；
>
> 在草地上，玩家1在30秒内抓到玩家2则获胜，否则玩家2获胜。

（2）创建游戏窗口

下面的代码用WIDTH和HEIGHT定义了游戏窗口的宽度（800像素）和高度（600像素），用BACKGROUND定义了游戏背景图片的文件名（“足球场”），用TITLE定义了游戏窗口的标题（“你追我赶”）。update()是Pygame Zero的核心函数之一，用于处理游戏逻辑更新（如角色移动、碰撞检测等），pass表示这个函数目前是空的，没有执行任何操作。draw()是Pygame Zero的另一个核心函数，用于绘制游戏画面（如背景、角色等），screen.blit（“足球场”, (0, 0)）用于将图片绘制到屏幕上，其中（0, 0）表示图片左上角的坐标。

```python
# 导入Pygame Zero库
import pgzrun

# 设置窗口尺寸
WIDTH = 800
HEIGHT = 600
TITLE = "你追我赶"
# 游戏逻辑函数
def update():
    pass
# 绘制函数
def draw():
    # 从左上角（0，0）绘制背景
    screen.blit("足球场", (0, 0))
# 启动游戏引擎
pgzrun.go()
```

小禾敲黑板

在Pygame Zero中，WIDTH和HEIGHT必须大写，这是框架的强制要求。除此之外，窗口的标题（TITLE）也需要大写。

这段代码中有两点需要注意。

一是图片的放置。

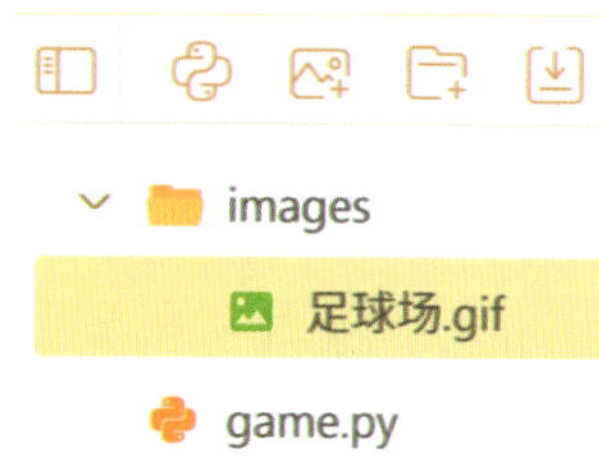

Pygame Zero默认会在同目录的images文件夹中查找代码里引用的图片资源，如游戏角色造型图、游戏背景图等文件都必须放在这个文件夹中，才能被正确加载调用，否则程序可能无法找到它，导致运行时错误（如FileNotFoundError）。

先创建一个images文件夹，并在素材库中找到足球场素材并添加。添加后还可以双击素材调整尺寸进行裁剪等。

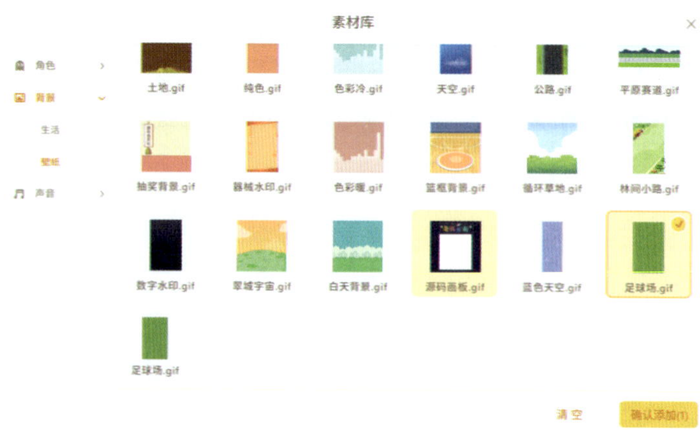

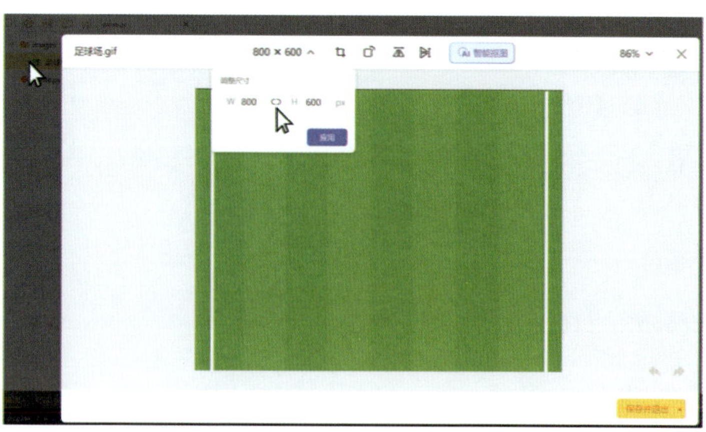

AI加油站

请你向AI助手提问：“在Pygame Zero中，怎样把背景颜色填充为绿色？”

二是坐标系。

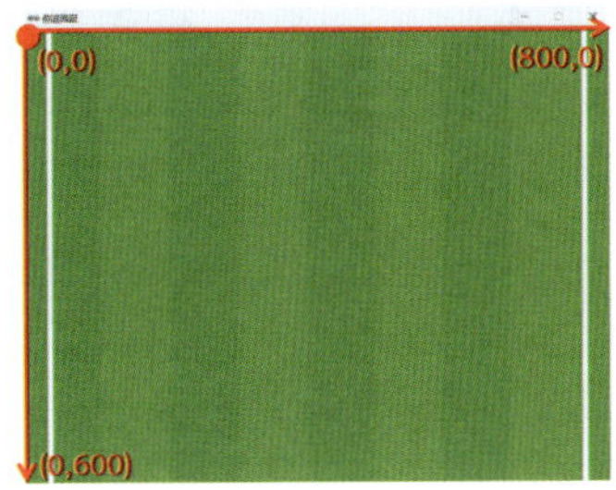

运行目前的程序后，会显示一个800 × 600的窗口，标题为“你追我赶”，背景是“足球场”图片。原点（0,0）位于屏幕左上角。另外，左下角的坐标是（0,600），右上角的坐标是（800,0），右下角的坐标是（800,600）。

（3）创建游戏角色

Actor是Pygame Zero提供的一个类，用于表示游戏中的角色，游戏中需要用它来创建player1和player2两个角色。“头像”是指定的角色的图像文件名，程序会在images文件夹中查找该图片。center=(200, 300)设置的是角色初始位置（x=200, y=300），这是角色的中心点坐标，并且在画出背景后，分别画出player1和player2。

```
...
# 创建两个角色，并指定其中心位置分别为(200,300)和(600, 300)
player1 = Actor('头像', center=(200, 300))
player2 = Actor('头像', center=(600, 300))
def update():
    pass
def draw():
    screen.blit("足球场", (0, 0))
    # 绘制两个角色
    player1.draw()
    player2.draw()
pgzrun.go()
```

动脑想一想

为什么要先画背景，再画player1和player2？

可以看到，当前角色是以它的中心点（center）为定位点的。一张图片中通常有9个定位点，你可以在初始化角色的时候设置它的定位点。例如，在游戏中通常有一些人物，可以设置其定位点为midbottom。

3.控制角色移动

在该游戏中，共有两位玩家。按照游戏规则，还需要通过上、下、左、右键来控制player1的移动。在Pygame Zero中，keyboard可以用来监控键盘状态。例如，keyboard.left监控键盘上“←”键是否按下，按下则角色向左移动，向左移动即角色的*x*坐标减小。

```
if keyboard.left:
    player1.x = player1.x - 5
```

当角色移动到屏幕边缘，即移动到*x*=0时，便不能再向左移动。因此需要给角色的移动再添加一个限制条件，即*x*>0时才能向左移动。

```
if keyboard.left
    if player1.x > 0:
        player1.x -= 5
```

为了更好地展示代码，可将这两个条件整合写在一行。

```
if keyboard.left and player1.x > 0:player1.x -= 5
```

使用同样的方法，设计其余3个方向角色的移动代码，并将这些代码放置在update函数中。为了方便控制它们的移动速度，可以创建一个speed变量。

```
speed = 5
def update():
    # 玩家1通过← → ↑ ↓键控制
    if keyboard.left and player1.x > 0:player1.x -= speed
    if keyboard.right and player1.x < WIDTH:player1.x += speed
    if keyboard.up and player1.y > 0:player1.y -= speed
    if keyboard.down and player1.y < HEIGHT:player1.y += speed
```

```
    # 玩家2通过a d w s键控制
    if keyboard.a and player2.x > 0:player2.x -= speed
    if keyboard.d and player2.x < WIDTH:player2.x += speed
    if keyboard.w and player2.y > 0:player2.y -= speed
    if keyboard.s and player2.y < HEIGHT:player2.y += speed
```

动手试一试

在监控键盘时，keyboard是区分大小写的。例如，keyboard.A监控的是英文大写字母A，keyboard.a监控的是英文小写字母a。运行程序试一试，在中文状态或大写字母状态下能控制角色移动吗？

当前代码如下。

```
import pgzrun

WIDTH = 800
HEIGHT = 600
TITLE = "你追我赶"
player1 = Actor('头像', center=(200, 300))
player2 = Actor('头像', center=(600, 300))
speed = 5
def update():
    if keyboard.left and player1.x > 0:player1.x -= speed
    if keyboard.right and player1.x < WIDTH:player1.x += speed
    if keyboard.up and player1.y > 0:player1.y -= speed
    if keyboard.down and player1.y < HEIGHT:player1.y += speed
    if keyboard.a and player2.x > 0:player2.x -= speed
    if keyboard.d and player2.x < WIDTH:player2.x += speed
    if keyboard.w and player2.y > 0:player2.y -= speed
    if keyboard.s and player2.y < HEIGHT:player2.y += speed
def draw():
    screen.blit("足球场", (0, 0))
    player1.draw()
    player2.draw()
pgzrun.go()
```

4.设置游戏状态与胜负

游戏应该有3种状态：准备状态（ready）、游戏进行中（playing）和游戏结束（stop）。

（1）准备状态

在准备状态（ready）下，player1（玩家1）和player2（玩家2）应该在各自的位置。此时，屏幕给出提示：Press r to play（按下r键开始游戏），以及Catch player2 in 30s（在30秒内抓到玩家2）。

```
# 默认状态为准备
state = 'ready'
def update():
    ...
def draw():
    ...
    # 当状态为准备时
    if state == 'ready':
        # 在屏幕中间绘制红色文字"Press r to play"，字体大小为60
        screen.draw.text("Press r to play", center=(400, 300), fontsize=60, color="red")
        # 在屏幕中间绘制蓝色文字"Catch player2 in 30s"，字体大小为30
        screen.draw.text("Catch player2 in 30s", center=(400, 350), fontsize=30, color="blue")
pgzrun.go()
```

screen.draw.text()是Pygame Zero中用于在屏幕上绘制文本的函数，有以下参数。

参　　数	说　　明
Press r to play	要绘制的文本内容
center=(400, 300)	文本的中心点坐标（屏幕宽800、高600时，居中显示）
fontsize=60	字体大小为60像素
color="red"	文本颜色为红色

Bug研究所

当绘制的文本为中文时，在游戏中会显示为小矩形。计算机在显示文字时，需要依赖特定的字体文件，如果字体文件中不包含用户要显示的中文字符，那么就会出现方框或者乱码。尝试询问AI助手该怎么解决吧！

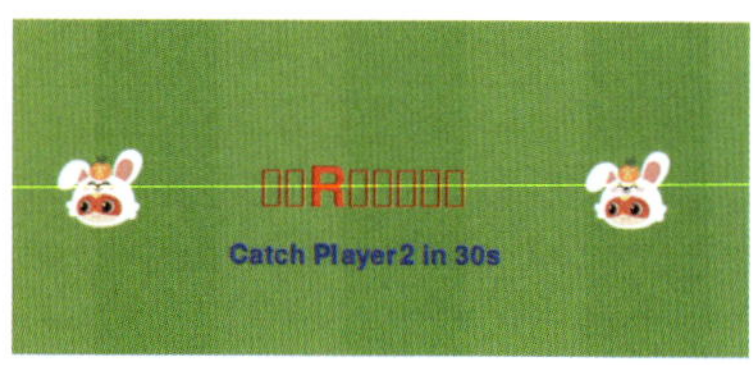

当游戏处于ready（准备）状态时，按下r键将状态切换为playing（游戏进行中）；当游戏开始时，将player1和player2放置到指定的初始位置。

```
...
def update():
    global state
    if state == 'ready' and keyboard.r:
        state = 'playing'
        player1.center = (200, 300)
        player2.center = (600, 300)
...
```

小禾敲黑板

global关键字用于在函数内部修改全局变量。如果不声明global state，Python会将state视为局部变量，导致无法修改全局的state变量。

（2）游戏进行中

在游戏进行中（playing），需要进行时间控制和角色控制。为了更好地控制游戏时间，从Python标准库中导入time()函数，用于获取当前时间戳（自1970年1月1日以来的秒数，浮点数）。设置游戏总时长为30秒，使用start_time变量记录开始游戏的时间，默认为0，使用count变量记录游戏剩余时间。

为了能在update函数中更新变量，使用global声明，允许修改全局变量start_time和count。按下r键切换到游戏进行状态时，使用time()记录当前时间，赋值给start_time，用于后续计算剩余时间。

```
from time import time
...
game_time = 30   # 总时长（秒）
start_time = 0   # 开始时间戳
count = 0        # 记录剩余时间
def update():
    global state, start_time, count
    if state == 'ready' and keyboard.r:
        state = 'playing'
        start_time = time()   # 记录开始时间
        ...
```

AI加油站

time库是Python的内置库，请你向AI助手提问："time模块是什么？有什么用？能举个简单的例子吗？"或者"怎么用time模块显示当前日期和时间？比如输出类似2023-10-01 15:30:00的格式。"

设置只有当游戏处于进行状态时，才会执行后续的玩家控制逻辑。

```
...
if state == 'playing':
    # 游戏开始后计算剩余时间
    count = int(max(0, game_time - (time() - start_time)))
    # 游戏开始后才能控制角色移动
    if keyboard.left and player1.x > 0:player1.x -= speed
    ...
```

time()-start_time是用当前时间戳减去开始游戏时间戳，可以获得已过去的秒数（浮点数），game_time减去time()−start_time所得的差是剩余秒数（可能为负数）。max()函数确保剩余时间最小值为0，int()函数则将结果转换为整数（舍去小数部分）。

小禾敲黑板

max( )是一个内置函数，用于返回给定参数中的最大值。例如，print (max (0, −1))，输出结果为0。

另外，在游戏中应该计算并在左上角显示剩余时间。使用f"time: {count}"格式化字符串，用于动态显示剩余秒数（如time: 15）。

```
...
def draw():
    ...
    # 当游戏状态为playing时在左上角绘制时间
    elif state == 'playing':
        screen.draw.text(f"time: {count}", (10, 10), fontsize=30, color="white")
...
```

（3）游戏结束

游戏可以通过检测倒计时结束，或者通过玩家碰撞来决定游戏胜负。有两种结束方式：一种是时间结束，player2没有被抓到，player2获胜；另一种是player2被抓到，player1获胜。

```
...
winner = None #记录获胜方，默认为空
def update():
    global state,start_time,count,winner
    ...
    if state == 'playing':
        count = int(max(0, game_time - (time() - start_time)))
        # 倒计时结束
        if count == 0:
            state = 'stop'
            winner = "player2"
        # player1碰到player2
        if player1.colliderect(player2):
            state = 'stop'
            winner = "player1"
        ...
```

创建winner变量，记录获胜者，并允许在update函数中修改。当倒计时结束时，将游戏状态设为stop，设置获胜者为player2。colliderect( )方法用于检测两个对象的矩形区域是否重叠。player1.colliderect(player2)用于检测player1

是否碰到了player2。如果碰到，则游戏状态为stop，设置获胜者为player1。

游戏结束，则在屏幕上显示获胜者和重新开始的提示语句。

```
...
def draw():
    ...
    # 当游戏状态为stop时，绘制获胜者以及提示语
    elif state == 'stop':
        screen.draw.text(f"win: {winner}", center=(400, 300), fontsize=60, color="red")
        screen.draw.text("Press r to play", center=(400, 350), fontsize=30, color="blue")
        ...
```

为了在游戏结束后能快速重新开始，可以修改游戏启动的条件，设置当状态为准备或结束时，按下r键都可以开始游戏。

```
...
def update():
    global state,start_time,count,winner
    # 设置当状态为准备或结束时，按下r键可开始游戏
    if (state == 'ready' or state == 'stop') and keyboard.r:
        state = 'playing'
        ...
```

AI加油站

为什么在没有完全碰到的情况下游戏就结束了呢？快把你的疑问发给AI助手吧？你可以将代码提交给他并提问：“当玩家角色（player1）离目标角色（player2）还有一点距离时，就判定碰撞结束游戏了，好像没有完全碰到。请你详细解释这是为什么，并给出解决办法。”

5.知识拓展

（1）绘制图案

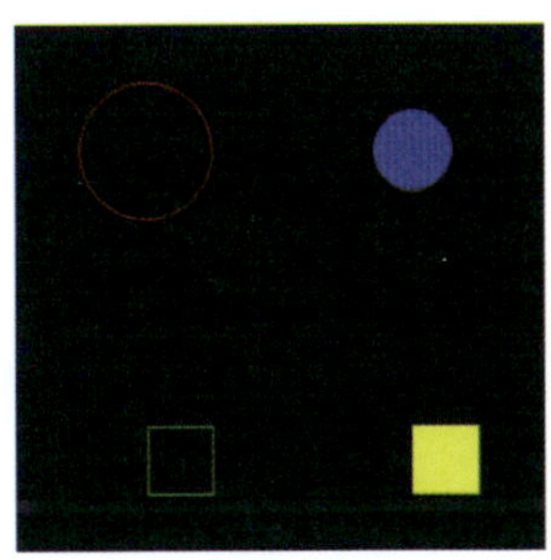

Pygame Zero中还有绘制基本图形的方法，下面展示了绘制圆形轮廓、实心圆、矩形轮廓、实心矩形的方法，以及使用screen.clear()清空屏幕的方法。

```python
import pgzrun
WIDTH, HEIGHT = 800, 600
def draw():
    # 在(200, 200)位置绘制半径为50的红色空心圆
    screen.draw.circle((200, 200), 50, (255, 0, 0))
    # 在(400, 200)位置绘制半径为30的蓝色实心圆
    screen.draw.filled_circle((400, 200), 30, (0, 0, 255))
    # 在(200, 400)位置绘制一个宽50，高50的绿色矩形轮廓
    box1 = Rect((200, 400), (50, 50))
    screen.draw.rect(box1, (0, 255, 0))
    # 在(400, 400)位置绘制一个宽50，高50的黄色实心矩形
    box2 = Rect((400, 400), (50, 50))
    screen.draw.filled_rect(box2,(255, 255, 0))
pgzrun.go()
```

```python
def draw():
    # 清空屏幕
    screen.clear()
```

（2）添加音乐

在Pygame Zero中，music.play( )方法用于播放背景音乐，支持循环播放。与图片的要求一样，必须将音乐文件放在游戏目录下的music文件夹中。常用的方法还有music.stop( )（停止播放音乐）、music.pause( )（暂停播放）和music.unpause( )（恢复播放）。

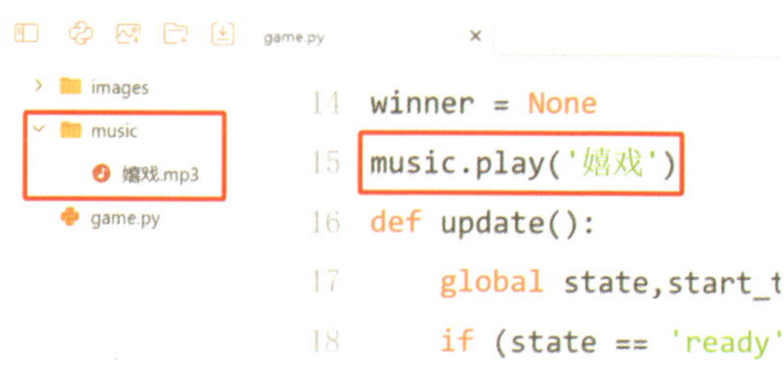

源码秘境

下面这段代码实现了一个简单的双人小游戏，展示了Pygame Zero的基本用法，包括创建角色、处理输入、更新状态和绘制画面。

扫码看视频

```python
import pgzrun
from time import time

WIDTH = 800
HEIGHT = 600
TITLE = "你追我赶"
player1 = Actor('头像', center=(200, 300))
player2 = Actor('头像', center=(600, 300))
speed = 5
state = 'ready'
game_time = 30
start_time = 0
count = 0
winner = None
def update():
```

```
    global state,start_time,count,winner
    if (state == 'ready' or state == 'stop') and keyboard.r:
        state = 'playing'
        start_time = time()
        player1.center = (200, 300)
        player2.center = (600, 300)
    if state == 'playing':
        count = int(max(0, game_time - (time() - start_time)))
        if count == 0:
            state = 'stop'
            winner = "Player2"
        if player1.colliderect(player2):
            state = 'stop'
            winner = "Player1"
        if keyboard.left and player1.x > 0:player1.x -= speed
        if keyboard.right and player1.x < WIDTH:player1.x += speed
        if keyboard.up and player1.y > 0:player1.y -= speed
        if keyboard.down and player1.y < HEIGHT:player1.y += speed
        if keyboard.a and player2.x > 0:player2.x -= speed
        if keyboard.d and player2.x < WIDTH:player2.x += speed
        if keyboard.w and player2.y > 0:player2.y -= speed
        if keyboard.s and player2.y < HEIGHT:player2.y += speed
def draw():
    screen.blit("足球场", (0, 0))
    player1.draw()
    player2.draw()
    if state == 'ready':
        screen.draw.text("Press r to play", center=(400, 300), fontsize=60, color="red")
        screen.draw.text("Catch Player2 in 30s", center=(400, 350), fontsize=30, color="blue")
    elif state == 'playing':
        screen.draw.text(f"time: {count}", (10, 10), fontsize=30, color="white")
    elif state == 'stop':
        screen.draw.text(f"win: {winner}", center=(400, 300), fontsize=60, color="red")
        screen.draw.text("Press r to play", center=(400, 350), fontsize=30, color="blue")
pgzrun.go()
```

试炼工坊

1.【单选题】keyboard.r检测的是哪个按键？（　　）

A.右方向键　　B.字母键r　　C.Enter键　　D.空格键

2.【单选题】player1.colliderect (player2)的作用是（　　）。

A.检测两个角色是否发生碰撞　　B.设置角色的速度

C.改变角色的颜色　　D.播放音效

3.【单选题】screen.draw.text ( )的作用是（　　）。

A.绘制角色　　B.绘制文字

C.播放音乐　　D.控制游戏时间

4.【判断题】pgzrun.go ( )是Pygame Zero中用于初始化游戏的函数。（　　）

5.【判断题】time ( )函数的作用是获取当前系统时间。（　　）

AI加油站

还想做更多题目吗？让AI助手来考考你，检测学习成果。你可以将代码粘贴给AI助手，并提问："根据本作品的知识点考考我吧！请你分别出几道选择题、判断题，并标注星级难度！我将按顺序发给你答案，请你解析相关知识点，并根据我的回答分析我的学习效果，同时给出建议或者学习路径、学习资源。"

码上行动

参考"源码秘境"完成"你追我赶"游戏设计，并添加障碍物功能：在地图上新增一个红色区域作为障碍物，游戏双方都无法经过。

扫码看视频

AI加油站

尝试将你的代码和任务要求发送给AI助手，并要求它详细讲解这个功能如何实现。

创意工坊

1.创意大师

在掌握Pygame Zero基础开发后，你的创意舞台将会得到无限扩展！例如，复刻经典游戏贪吃蛇、俄罗斯方块等；创作多角色冒险游戏、互动故事；开发迷宫生成器、记忆配对卡片、简易绘画板等创意工具。下面这段代码设计的是一个像素画画板，单击鼠标就可以添加像素点，你可以尝试用它来完成一幅黑白像素画。

```python
import pgzrun

WIDTH = 800
HEIGHT = 600
pixels = []
def draw():
    screen.fill((255, 255, 255))  # 白色背景
    for x, y in pixels:
        screen.draw.filled_rect(Rect(x, y, 10, 10), (0, 0, 0))
def on_mouse_down(pos):
    pixels.append(pos)
pgzrun.go()
```

2. AI互动

试试向AI提出以下问题。

"我想在游戏中随机生成障碍物的位置，如何用random模块结合Pygame Zero的Actor类实现？需要注意哪些边界问题？"

“Pygame Zero还能开发哪些类型的游戏？请你提供几个创意方向和实现思路。”

“我想做一个‘班级值日表管理’的小游戏：每天随机选一个同学打扫卫生，用Actor显示同学头像，单击头像，标记为‘已完成’。需要用到哪些Pygame Zero功能？如何用列表存储值日表数据？”

3.灵感笔记

我想用Pygame Zero做________________________________

遇到的困难是________________________________

需要AI帮我解决________________________________

编程超能力

恭喜你完成Python游戏设计相关知识的学习，快把新学的代码用法、好玩的项目创意、容易出错的地方记下来！也可以画思维导图梳理思路，帮知识牢牢“住”进大脑，以后编程就更厉害啦。

AI加油站

有什么奇思妙想？来跟AI助手聊聊吧。你可以说：“能用Pygame Zero来做一个类似王者荣耀的游戏吗？一起来聊聊。”

4.2　知行决策小助手——easygui库

任务中心

古人云：“读万卷书，行万里路。”然而在面对选择时，你是否也经历过这样的时刻？当你站在图书馆书架前，在历史典籍与科幻小说间犹豫时；当你规划假期，在壮丽山河与人文古城间徘徊时……这些选择背后，藏着比答案更珍贵的东西：这些看似简单的决定，背后其实藏着逻辑判断与信息管理的智慧。

本节将用Python设计一个简易的“知行决策小助手”，把先贤的智慧转化为可执行的代码逻辑，深刻理解真正的“知行合一”，是把生活决策转化为计算机可执行的算法——这正是编程赋予我们的超能力！

任务解码站

1.掌握easygui核心组件的使用方法。

2.能够利用多分支结构构建简单的决策流程。

3.能够使用列表实现基础的数据管理功能。

单词剧场

activity	choice	integer	preference
/ ækˈtɪvəti /	/ tʃɔɪs /	/ ˈɪntɪdʒər /	/ ˈprefrəns /
活动	选择	整数	偏好

代码探秘

easygui是Python的一个轻量级图形界面（GUI）库，专为快速开发简单的交互式程序而设计。easygui的核心优势是简单易用，只需一行代码就能创建常见的对话框（如消息框、输入框、文件选择框等），无须复杂的布局和事件处理。

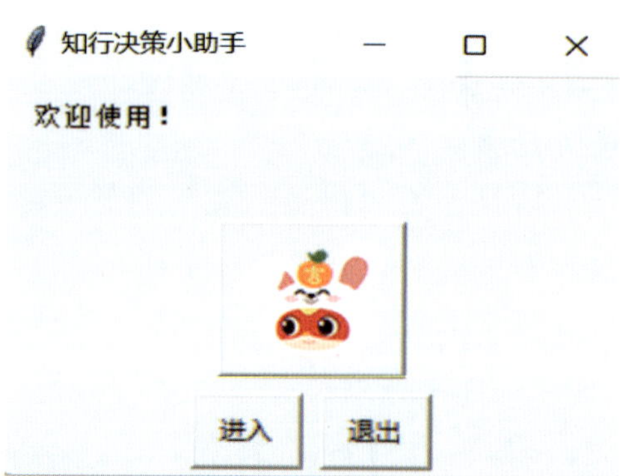

用户可以在海龟编辑器的“库管理”中搜索安装该库。

AI加油站

在Python中还有许多可以设计界面的库。请你向AI助手提问："在Python中有哪些可以设计界面的库，请你对比分析，说明它们的优缺点和适用场景，以及对初学者的友好程度。"

1.创建初始界面

首先使用easygui库来创建一个简单的欢迎界面，让用户选择进入或退出程序。

```
import easygui as eg
# 欢迎界面
enter=eg.boolbox('欢迎使用！', "知行决策小助手",['进入', '退出'])
# 进入活动选择界面
if enter:
    task = ["读书", "旅游"]
    choice = eg.choicebox("请选择活动类型：", "活动选择", task)
```

上述代码导入了easygui库并简写为eg，方便后续调用。运行后会显示首页和"进入""退出"两个按钮，用户单击"进入"按钮，会进入一个欢迎界面。

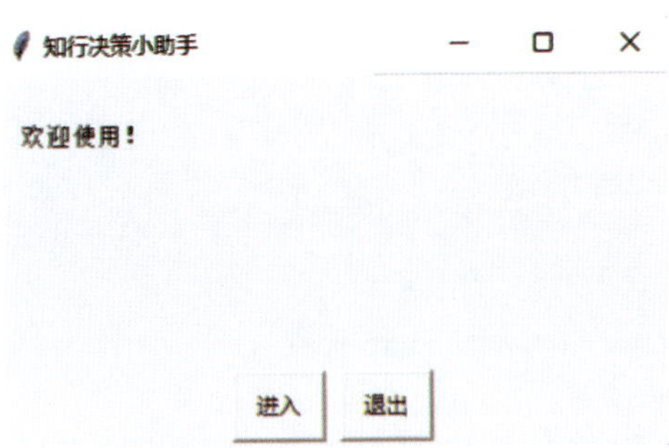

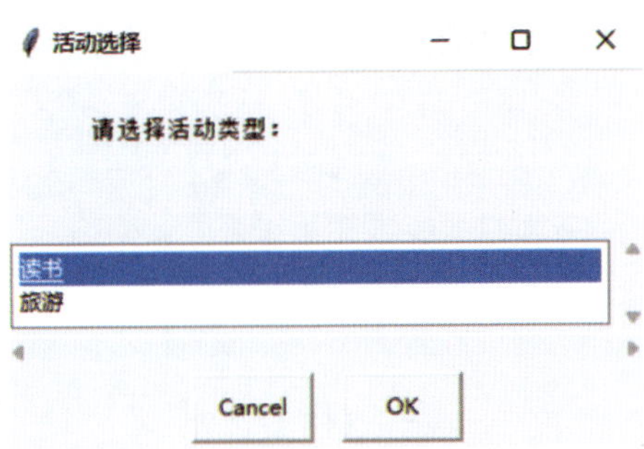

这里用到了两个easygui组件：boolbox( )和choicebox( )。

boolbox( )用于创建一个包含"是"和"否"按钮的对话框，让用户进行二选一。返回值为布尔类型（True或False）。按钮上的内容可以自定义，默认单击第一个按钮返回值为True，单击第二个按钮返回值为False。对于这个组件，至少要有"内容"，"标题"和"按钮"都是可以不填的。

```
boolbox('内容', "标题", ['按钮1', '按钮2'])
```

choicebox( )允许用户从预定义的选项列表中选择一项，适合快速实现单选功能。在这个组件中，“内容”即要显示在对话框中的提示文本，“标题”即对话框顶部的标题，选项是用户自定义的多个选项。单击相应的选项后返回值则为选项名称。例如，单击“读书”选项，那么返回值为“读书”。

```
choicebox("内容", "标题", ["选项1","选项2","选项3"])
```

2.创建读书活动

（1）选择类目和图书

当用户选择“读书”后，就进入书籍选择界面。这里可以预设一些图书类目供用户选择，当用户选择不同的分类后，再推荐相应类目的书籍供用户选择。

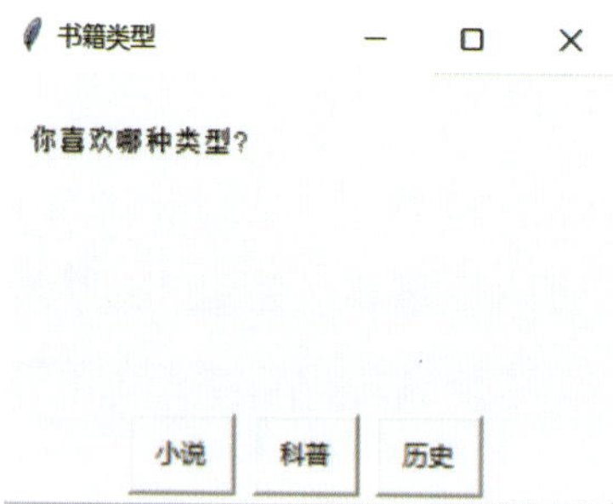

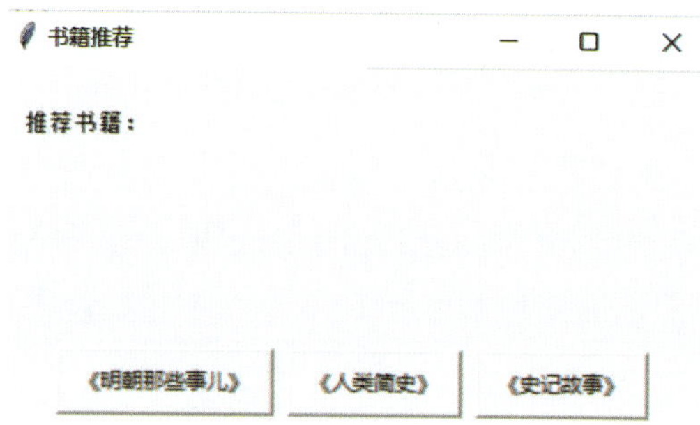


```
...
choice = eg.choicebox("请选择活动类型：", "活动选择", task)
# 如果用户选择了"读书"活动
if choice == "读书":
    # 定义书籍类型列表,使用buttonbox让用户选择喜欢的书籍类型
    categories = ["小说", "科普", "历史"]
    category = eg.buttonbox("你喜欢哪种?", "书籍类型", categories)
    # 初始化书籍推荐列表,根据用户选择的书籍类型，填充对应书籍
    books = []
    if category == "小说":
        books = ["《小王子》", "《哈利波特》", "《百年孤独》"]
    elif category == "科普":
        books = ["《时间简史》", "《万物简史》", "《昆虫记》"]
    elif category == "历史":
        books = ["《明朝那些事儿》", "《人类简史》", "《史记故事》"]
    # 使用buttonbox显示推荐书籍列表，让用户选择
    book = eg.buttonbox(f"推荐{category}类：", "书籍推荐", books)
```

buttonbox()是easygui库中功能最灵活的对话框函数，允许用户自定义任意数量的按钮，并根据单击结果执行不同操作。它的返回值是按钮的名字，例如，单击“小说”按钮，返回值为“小说”。

```
buttonbox("内容", "标题", ["按钮1","按钮2","按钮3"])
```

在本段代码中，通过buttonbox()让用户选择喜欢的书籍类型，又设置了books列表来存储不同类型的书籍，并推荐给用户选择。

AI加油站

相信你已经观察到了，很多组件的使用方式都是相似的，这里使用的组件有什么相同之处和区别呢？请你向AI助手提问：“在easygui中，buttonbox( )和boolbox( )、choicebox( )有什么区别呢？请你对比分析。”

动脑想一想

让用户选择书籍类目和图书的功能能通过choicebox( )来实现吗？

（2）读书计划

选择好图书后，可以引导用户输入读书计划，即读书的天数和每天读书的时长，最后输出用户的读书计划。

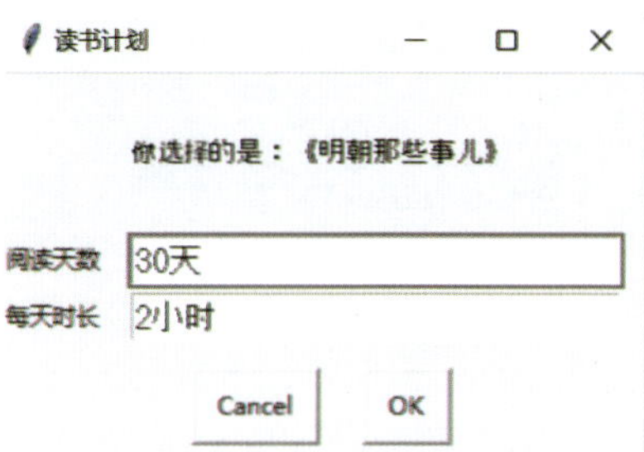

```
# 创建多个输入框让用户输入信息
plan = eg.multenterbox(f"你选择的是：{book}", "读书计划",
                       ["阅读天数", "每天时长"])
# 展示多行文本
eg.textbox("你的读书计划是：","计划详情",
           f"书目：{book}\n" +
           f"阅读天数：{plan[0]}天\n" +
           f"每天时长：{plan[1]}小时")
```

multenterbox()用于创建包含多个输入字段的对话框，适合收集用户的多项信息（如表单填写）。在使用时，提示信息可以告诉用户如何添加此表等，输入框则可以添加多个。该组件的返回信息是一个列表，例如，在两个输入框中分别填写“30天”“2小时”，则返回值是[“30天”“2小时”]。

```
multenterbox("提示信息", "标题", ["输入框1", "输入框2"])
```

textbox( )是easygui库中用于显示和编辑多行文本的对话框函数。它提供了简洁的界面来查看、编辑或格式化文本内容，支持滚动、复制、粘贴等基本操作，适合快速实现文本查看器或简易编辑器。

```
textbox("提示信息", "标题", "内容")
```

AI加油站

想了解这些组件的更多用法，你可以向AI助手提问：“在easygui库中，textbox( )应该如何使用？请举例介绍。”

本节完整代码如下。

```
if choice == "读书":
    categories = ['小说','科普','历史']
    category = eg.buttonbox("请选择你要阅读的类型：","书籍类型",categories)
    books = []
    if category == "小说":
        books = ['《小王子》','《哈利波特》','《百年孤独》']
    elif category == "科普":
        books = ['《时间简史》','《万物简史》','《昆虫记》']
    elif category == "历史":
        books = ['《明朝那些事》','《人类简史》','《史记故事》']
    book = eg.buttonbox("请选择要阅读的书籍：","书籍选择",books)
    plan = eg.multenterbox(f"你选择的是{book}","读书计划",
                           ['阅读天数','每天时长'])
    eg.textbox('你的读书计划：','计划详情',
               f"书名：{book}\n" +
               f"读书天数：{plan[0]}\n" +
               f"每天时长：{plan[1]}" )
```

3.创建旅游活动

（1）设置旅游偏好和天数

当用户选择“旅游”活动以后，则进入旅游计划界面，可以输入想要旅游的天数，以及选择自己的旅游偏好。

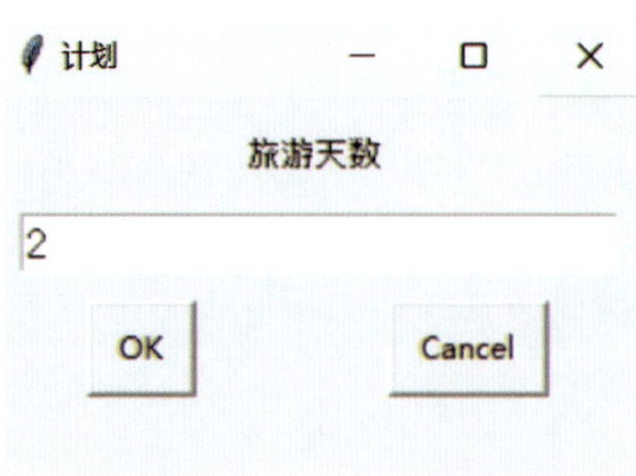

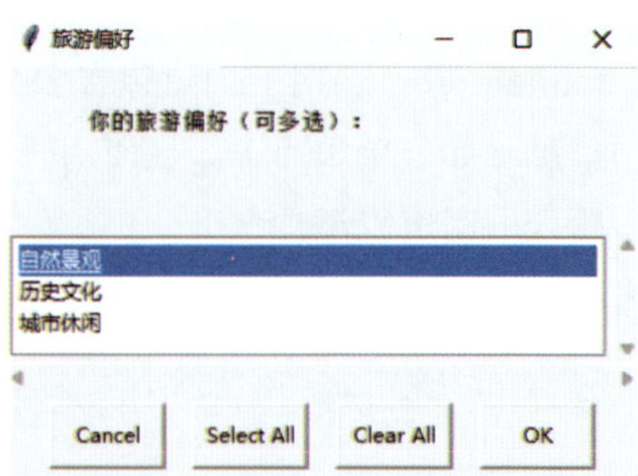

```
    # 如果用户选择了"旅游"活动
    elif choice == "旅游":
        # 弹出整数输入框，让用户输入旅游天数
        num = eg.integerbox("旅游天数", "计划", 2, 0)
        # 弹出多选框，让用户选择旅游偏好
        preferences = eg.multchoicebox(
            "你的旅游偏好（可多选）：",
            "旅游偏好",
            ["自然景观", "历史文化", "城市休闲"]
        )
```

在这段代码中，integerbox()是easygui库中专门用于获取整数输入的对话框函数。它提供了数值验证和范围限制功能，确保用户输入的是有效整数，避免了手动验证的烦琐。在这些参数中，默认值、最小值和最大值可以省略。

```
integerbox("提示信息", "标题", 默认值, 最小值, 最大值)
# 例如限制只能输入一个0~10的整数
integerbox("输入一个整数", "输入", 1, 0, 10)
```

Bug研究所

integerbox()会进行非数字拦截和空值处理：如果用户输入非整数字符（如字母、小数点），则会弹出对话框提示错误并阻止提交。如果用户清空输入框并单击“OK”按钮，则会弹出对话框提示错误。

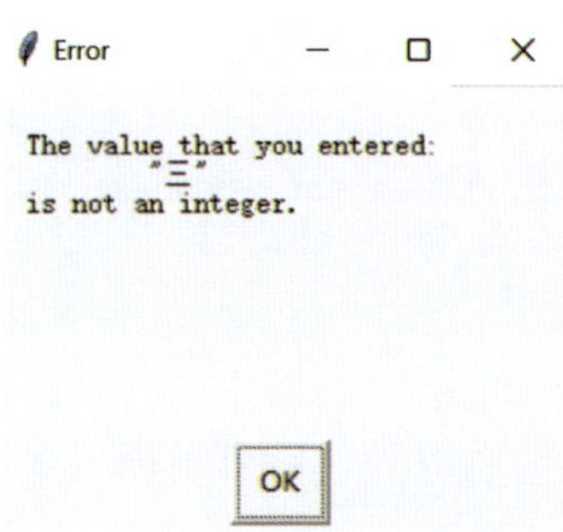

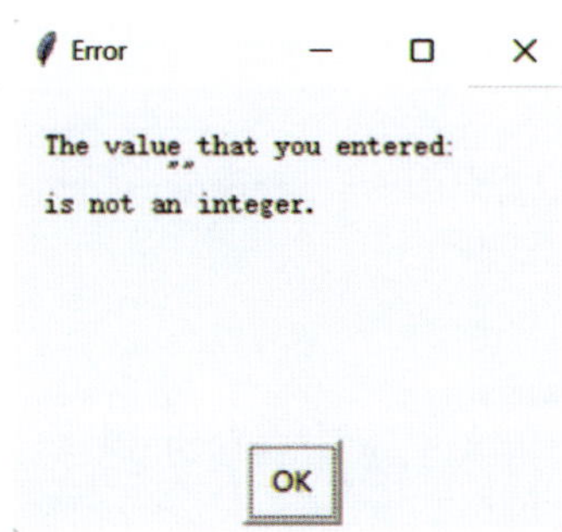

integerbox()还会进行范围检查：如果输入的整数超出lowerbound或upperbound，则会弹出对话框提示错误并要求重新输入。

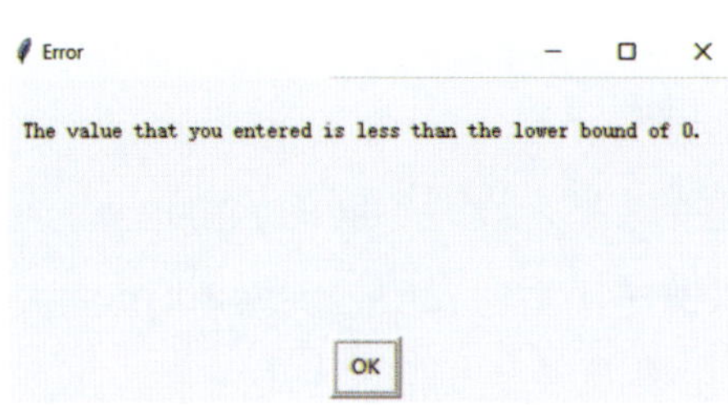

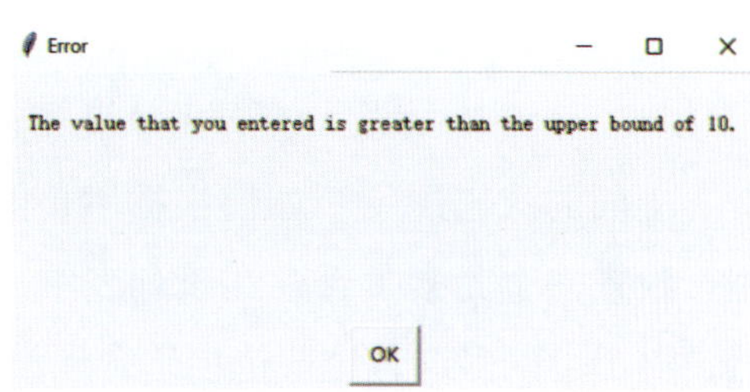

另外，要确保最小值≤最大值，否则会导致错误。如果设置了默认值，确保其在最小值和最大值范围内。

multchoicebox( )是easygui库中用于实现多选功能的对话框函数。它允许用户从预定义的选项列表中选择任意数量的项，并返回选中项的列表，如果用户单击取消按钮或关闭对话框，则返回None。

```
multchoicebox("提示信息", "标题",["选项1","选项2","选项3"])
```

（2）推荐旅游地点

用户做出旅游偏好选择后，系统应该为用户推荐几个旅游地，并且根据用户最终选择的旅游地显示最终的旅游计划。

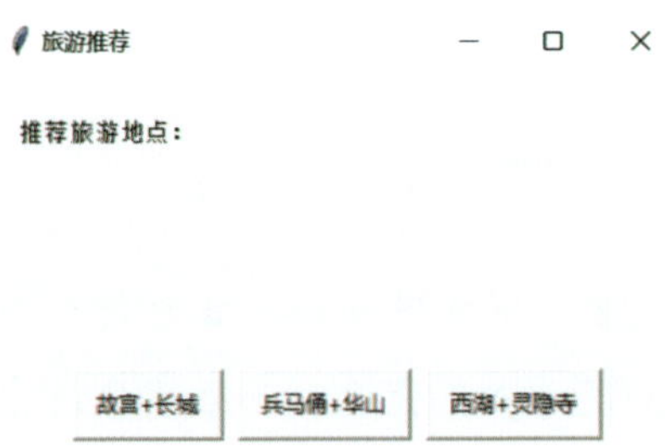

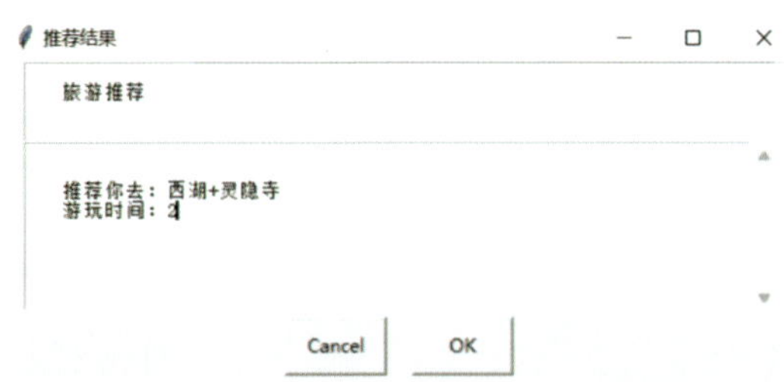


```
# 初始化旅游地点推荐列表
places = []
# 根据用户偏好(preferences)组合推荐旅游地点
# 如果用户同时喜欢自然景观和历史文化
if "自然景观" in preferences and "历史文化" in preferences:
    places = ["故宫+长城", "兵马俑+华山", "西湖+灵隐寺"]
# 如果用户只喜欢自然景观、历史文化、城市休闲
elif "自然景观" in preferences:
    places = ["九寨沟", "张家界", "黄山"]
elif "历史文化" in preferences:
    places = ["南京夫子庙", "北京故宫", "西安古城墙"]
elif "城市休闲" in preferences:
    places = ["上海迪士尼", "广州长隆", "深圳欢乐谷"]
# 让用户从推荐列表中选择地点
place = eg.buttonbox("推荐旅游地点：", "旅游推荐", places)
# 显示内容包括推荐地点和游玩时间
eg.textbox("旅游推荐", "推荐结果",
           f"推荐你去：{place}\n游玩时间：{num}")
```

上面的代码展示了如何根据用户的选择结果来设置不同的旅游地点，in用于检查一个元素是否存在于列表中，如果存在于列表中，则返回True。当然，由于可以多选，这些选项组合还没完全覆盖用户可能的选择。

本节完整代码如下。

```
elif choice == "旅游":
    num = eg.integerbox("输入旅游天数", "计划", 2, 0)
    preferences = eg.multchoicebox(
        "你的旅游偏好（可多选）：","旅游偏好",
        ["自然景观", "历史文化", "城市休闲"]
    )
    places = []
    if "自然景观" in preferences and "历史文化" in preferences:
        places = ["故宫+长城", "兵马俑+华山", "西湖+灵隐寺"]
    elif "自然景观" in preferences:
        places = ["九寨沟", "张家界", "黄山"]
    elif "历史文化" in preferences:
        places = ["南京夫子庙", "北京故宫", "西安古城墙"]
    elif "城市休闲" in preferences:
        places = ["上海迪士尼", "广州长隆", "深圳欢乐谷"]
    place = eg.buttonbox("推荐旅游地点：", "旅游推荐", places)
    eg.textbox("旅游推荐", "推荐结果",
              f"推荐你去：{place}\n游玩时间：{num}")
```

动手试一试

请你完成读书和旅游决策的代码编写，并运行程序，说一说，你发现了什么问题？

4.程序优化

现在的程序逻辑还没有最终完成，例如，当用户在选择“读书”类目或者输入旅游天数时关闭窗口，程序依然会继续进行。因此，在程序开始前需要设置一个退出界面来处理用户中途退出的情况。

这里需要使用的msgbox( )是easygui中最简单、最常用的函数之一，用于向用户显示一条消息，并提供一个“OK”按钮让用户确认。

```
msgbox("消息内容", "标题")
```

下面的代码定义了leave函数，用于用户在中途退出程序时做出提醒。其中，exit( )是Python的内置函数，可以立即终止Python程序的运行。

```
# 退出界面
def leave():
    # 显示提示语
    eg.msgbox("期待您下次使用！", "感谢使用")
    # 退出程序
    exit()
```

在涉及需要用户做出选择、填写内容等页面时，可以对变量、列表进行判断。如果变量为空或者列表为空时，使用leave函数。下面的代码展示了不同情况下的判断。

```
...
choice = eg.choicebox("请选择活动类型：", "活动选择", task)
# 当用户的选择为空时退出
if choice is None:leave()
...

...
preferences = eg.multchoicebox("你的旅游偏好（可多选）：",
              "旅游偏好",
              ["自然景观", "历史文化", "城市休闲"])
# 当列表为空时退出
if not preferences:leave()
...
```

5.知识拓展

enterbox( )函数可创建一个简单的单行文本输入对话框，用于获取用户的简短文本输入（如用户名、密码等），标题和默认值可省略。

```
enterbox("提示信息","标题","默认值")
# 例如
enterbox("请输入姓名！","输入","清清")
```

ccbox( )函数可创建一个带有自定义按钮文本的确认对话框，用户可选择“继续”或“取消”。若用户单击第一个按钮（如“继续”），则返回True；若用户单击第二个按钮（如“取消”）或关闭对话框，则返回False。

```
ccbox("内容","标题",["按钮1"、"按钮2"])
# 例如
ccbox("请确认这些信息！","待用户确认",["确认","取消"])
# 可省略标题和按钮
ccbox("请确认这些信息！")
```

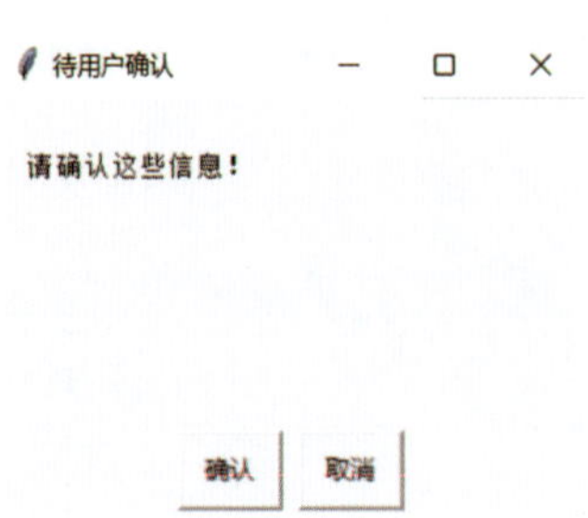

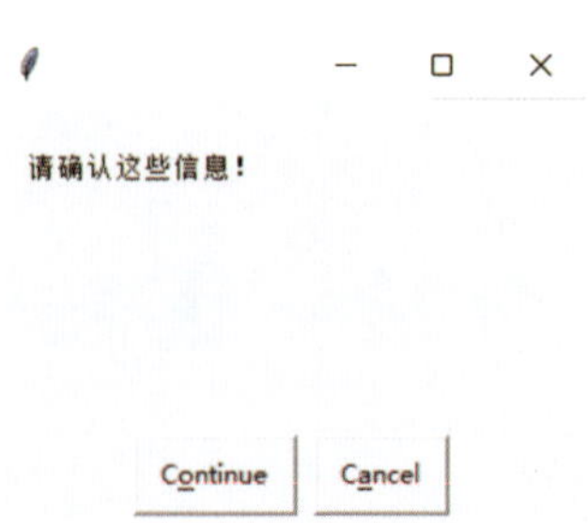

ynbox( )函数可创建一个简化的确认对话框，用户只能选择“是”或“否”。

```
ynbox("内容","标题",["按钮1"、"按钮2"])
# 例如
ynbox("请确认删除吗？","待用户确认",["是","否"])
# 可省略标题和按钮
ynbox("确定删除吗？")
```

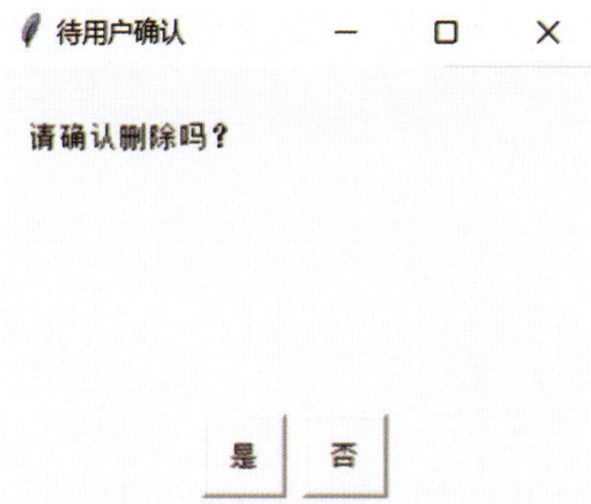

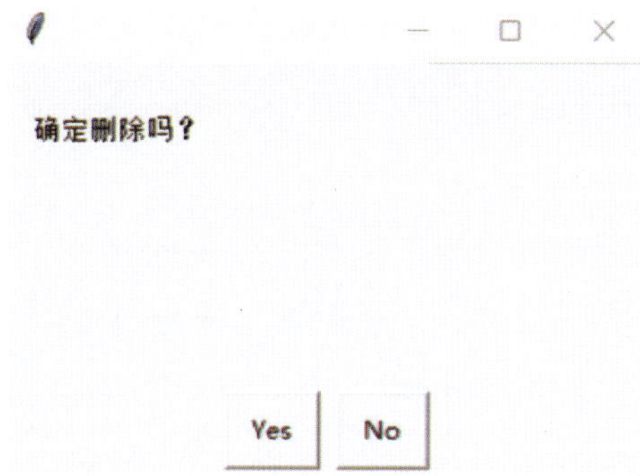

源码秘境

下面这段代码实现了一个简单的决策系统，通过读书和旅游两部分内容，展示了如何帮助用户通过图形化界面来输入信息以获取反馈。

扫码看视频

```python
import easygui as eg

def leave():
    eg.msgbox("感谢使用！")
    exit()
enter = eg.boolbox("欢迎使用！","知行决策小助手",['进入','退出'])
if enter:
    task = ['读书','旅游',]
    choice = eg.choicebox('请选择活动类型：','活动选择',task)
    if choice is None:leave()
    if choice == "读书":
        categories = ['小说','科普','历史']
        category = eg.buttonbox("请选择你要阅读的类型：","书籍类型",categories)
        if category is None:leave()
        books = []
        if category == "小说":
            books = ['《小王子》','《哈利波特》','《百年孤独》']
        elif category == "科普":
            books = ['《时间简史》','《万物简史》','《昆虫记》']
        elif category == "历史":
            books = ['《明朝那些事》','《人类简史》','《史记故事》']
        book = eg.buttonbox("请选择要阅读的书籍：","书籍选择",books)
        if book is None:leave()
```

```
        plan = eg.multenterbox(f"你选择的是{book}","读书计划",
                                ['阅读天数','每天时长'])
        if not plan:leave()
        eg.textbox('你的读书计划：','计划详情',
                f"书名：{book}\n" +
                f"读书天数：{plan[0]}\n" +
                f"每天时长：{plan[1]}"
                )
    elif choice == "旅游":
        num = eg.integerbox("输入旅游天数：","计划",2,0)
        if num is None:leave()
        preferences = eg.multchoicebox("你的旅游偏好（可以多选）：","旅游偏好",
                        ['自然景观','历史文化','城市休闲'])
        if preferences is None:leave()
        places = []
        if "自然景观" in preferences and '历史文化' in preferences:
            places = ['兵马俑+华山','故宫+长城','西湖+灵隐寺']
        elif "自然景观" in preferences:
            places = ['九寨沟','张家界','黄山']
        elif "历史文化" in preferences:
            places = ['南京夫子庙','北京故宫','西安古城墙']
        elif "城市休闲" in preferences:
            places = ['上海迪士尼','广州长隆','深圳欢乐谷']
        place = eg.buttonbox("请选择喜欢的地点",'地点选择',places)
        if place is None:leave()
        eg.textbox("旅游推荐",'推荐结果',f"推荐你去:{place}\n游玩时间：{num}天")
else:
    leave()
```

试炼工坊

1.【单选题】boolbox组件的主要功能是（　）。

A.显示文本消息　　B.让用户从多个选项中选择一个

C.让用户进行二选一　　D.输入多行文本内容

2.【单选题】若choicebox返回值为None，最可能的原因是（　）。

A.用户点击了确认按钮　　B.用户关闭了对话框或按ESC键

C.选项列表为空　　D.代码语法错误

3.【单选题】integerbox组件与multenterbox的关键区别是（　）。

A.前者只能输入整数，后者可输入任意文本

B.前者用于选择按钮，后者用于输入文本

C.前者支持多选，后者只能单选

D.前者显示图片，后者显示文字

4.【判断题】用户关闭任意 easygui 对话框，等同于单击“取消”按钮。（　）

5.【判断题】msgbox组件可以接收用户输入的多行文本信息。（　）

AI加油站

让AI助手来考考你。你可以提问：“我已经初步学完easygui库的知识点，考考我吧！请你分别出几道选择题、判断题，并标注星级难度！我将按顺序发给你答案，请你解析相关知识点，并根据我的回答分析我的学习效果。”

码上行动

参考“源码秘境”完成“知行决策小助手”程序设计，并添加“运动计划”功能：在初始选择中增加“运动健康”选项，用choicebox提供运动类型（跳绳、跑步、瑜伽等）并根据运动类型设置或推荐运动计划。例如，跳绳“每日3组，每组1分钟，间隔30秒”。

扫码看视频

AI加油站

任务太难？你可以将已完成的代码发送给AI助手并求助：“现在我想要再增加一个运动计划功能……请你帮我写出相关代码并详细解释。”

创意工坊

1.创意大师

easygui库还有很多创意玩法等待你尝试，例如，智能点餐系统、电影推荐助手、课程表规划器、运动训练计划等。你也可尝试为先前设计的作品增加图形化界面。下面这段代码设计的是一个“猜数字”游戏，你可以尝试为它添加不同的难度选择！

```
import easygui, random
target = random.randint(1, 100)
while True:
    guess = easygui.integerbox("猜一个1~100的数字：")
    if guess == target:
        easygui.msgbox("恭喜你猜对了！")
        break
    elif guess > target:
        easygui.msgbox("太大了！")
    else:
        easygui.msgbox("太小了！")
```

2. AI互动

试试向AI提出以下问题。

“能用easygui做一个‘BMI指数计算’程序吗？并告诉我每段代码的

作用。”

“Python的easygui库还能解决什么有趣的生活问题？请设计3个创意场景（如‘午餐吃什么’‘周末穿搭助手’‘电影类型推荐’），并给出关键代码思路。”

“如何用 easygui 库中的组件制作‘情绪日记本’？需要包含：①用 choicebox 选择情绪类型；②用 multenterbox 记录触发事件和应对方式；③用 textbox 显示日记摘要。”

3.灵感笔记

我想用easygui做________________________

遇到的困难是________________________

需要AI帮我解决________________________

编程超能力

恭喜你完成easygui库相关知识的学习，快把新学的代码用法、好玩的项目创意、容易出错的地方记下来！也可以画思维导图梳理思路，帮知识牢牢“住”进大脑，以后编程就更厉害啦！

AI加油站

放松一下，和AI闲聊一会儿吧！你可以提问：“请你用程序员的思维解释：为什么boolbox()坚持只给两个选项？”

4.3 网页工具制作——gradio库与qrcode库

任务中心

Wi-Fi是生活的必需品，但复杂的安全密码却成了人们连接网络的阻碍。当人们想要连接Wi-Fi时，却发现密码要么是一长串毫无规律的大小写字母、数字组合，要么夹杂着各种特殊符号。手动输入不仅费时费力，还容易因为输错一两个字符，反复尝试多次都连不上网络，让人烦躁不已。

现在，我们可以用gradio库、qrcode库来解决这个问题！只需简单几步，就能制作出一个网页工具，输入Wi-Fi名称和密码，单击确认按钮，就能快速生成二维码。扫码就能连接Wi-Fi，从此告别烦琐的密码输入。

任务解码站

1.掌握在Python中快速构建Web界面的方法。

2.学习使用qrcode.make( )生成二维码图像的基本用法。

3.了解二维码在生活中的应用。

4.了解Wi-Fi连接信息的标准编码格式。

单词剧场

description	QR code	interface	config
/ dɪˈskrɪpʃn /		/ ˈɪntərfeɪs /	/ kənˈfɪɡ /
描述	二维码	界面	配置

代码探秘

在线使用的抠图工具、在线转换格式等工具给人们的生活带来了极大的便利——打开浏览器就能用，适合任何设备（手机、计算机、平板）。

通常制作一个网页工具需要学习HTML、CSS、JavaScript等多种技术。但借助Python的gradio库，则可以用短短几行代码搭建一个网页界面，从而让复杂的技术变得简单易用！

1. gradio库

gradio是一个开源的Python库，用于快速构建机器学习或数据科学的交互式Web应用。如果把开发网页比作造房子，那么使用传统方法需要自己砌墙（HTML）、刷漆（CSS）、装电路（JavaScript）。而gradio就像预制房屋——只需告诉它需要几个房间（输入输出），它就能自动组装好！它的最大特点如下。

• 无须前端知识：不用写HTML、CSS、JavaScript代码，只使用Python即可创建网页。

• 极简代码：几行代码就能生成包含输入框、按钮、图表等组件的界面。

• 一键分享：生成的工具可以在网上分享，让同学和朋友都能使用。

（1）安装gradio库

在海龟编辑器的“库管理”界面中搜索“gradio”，即可一键安装。

（2）gradio应用示例

下面通过一个简单的例子直观地感受gradio如何将Python函数变成网页工具。下面通过9行代码实现了一个打招呼的网页，当用户输入姓名并提交后，就会显示“hello +你的名字！”

```
import gradio as gr
# 创建函数
def greet(name):
    return f"Hello, {name}!"
# 创建界面
gr.Interface(
    fn = greet,                # 处理函数
    inputs = "text",           # 输入框（文本类型）
    outputs = "text",          # 输出框（文本类型）
    title = "打招呼小工具"      # 网页标题
).launch()                     # 启动网页
```

输出

Running on local URL: http://127.0.0.1:7860

To create a public link, set `share=True` in `launch()`.

运行程序后会输出一个网址，默认为：http://127.0.0.1:7860，将这个网址复制到浏览器中打开就能得到这个打招呼的网页。

动手试一试

安装gradio库并完成打招呼小工具的制作。

观察程序，你会发现它主要由两部分构成。其中greet函数是主要的处理逻辑，在输入姓名时输入打招呼内容。

```
def greet(name):
    return f"Hello，{name}！"
```

gr.Interface函数用于创建一个网页界面，它的相关参数规定了可以创建什么样的界面。

界　面	作　用
fn = greet	让界面绑定greet函数，由greet()提供服务
inputs = "text"	创建一个文本输入框，对应的是greet函数要输入的参数name
outputs = "text"	创建一个文本输出框，对应的是greet函数返回的内容
title = "打招呼小工具"	创建一个网页标题
launch( )	启动这个网页

通过这个例子，你可以看到gradio会“翻译”Python代码。当你定义好一个功能函数，再告诉gradio用什么组件（文本框、按钮、图片框等）来接收输入和展示输出后，gradio就会在计算机后台搭建起一个网页服务。然后它会通过浏览器把这个网页呈现出来。gradio的本质是Python函数的可视化包装器，让任何函数都能变成网页工具。

（3）gradio网页组件

gradio提供了丰富的预制组件，就像乐高积木一样，只需选择需要的部件，就能搭建出功能各异的工具，下面是一些常用的组件。

组件名称	功　能	参数（可选）
gr.Textbox()	单行/多行文本输入	lines=3, placeholder="提示文本", type="password"
gr.Slider()	数值范围选择	minimum=0, maximum=100, step=5, default=30
gr.Dropdown()	多选一/多选多选项	choices=["选项1","选项2"], multiselect=True, max_choices=3
gr.Image()	图像上传（支持摄像头）	type="filepath"（返回路径），sources=["upload","webcam"]
gr.Audio()	音频上传/录制	sources=["microphone","upload"], type="numpy"
gr.Checkbox()	复选框	label="同意条款", default=False
gr.File()	文件上传/下载	label="上传文件"（输入），type="file"（输出）
gr.Radio(["A","B"])	单选按钮	label——选项说明
gr.Number()	数字输入	minimum/maximum——取值范围

下面的例子展示了多个组件的使用。

AI加油站

对于gradio组件的学习，你可以通过查阅官方的文档或者向AI助手询问："请告诉我gradio有哪些组件，并解释其用法。"或者"请告诉我gradio的gr.Checkbox()组件应该如何使用？"

gradio的应用场景十分广泛。在学习上，你可以运用它制作数学公式计算工具、英语单词记忆助手；在生活中，能做出食谱推荐器、旅游景点查询网页；在科学研究方面，很多科学家还用gradio展示他们的数据分析模型和实验成果。总之，只要你有想法，gradio就能帮你把它变成一个可以实际使用的网页应用。

2. qrcode库

二维码（QR Code）是一种用黑白方块存储信息的图形编码。网址、文本、联系人信息等都可以转换为二维码。qrcode是一个Python工具包，可以让你用代码生成个性化的二维码。在海龟编辑器的“库管理”中搜索qrcode即可快速安装。

AI加油站

请你向AI助手提问：“在Python中用于生成二维码的库有哪些？请你列举几个并进行分析对比。”

下面的代码展示了使用三行代码将字符串“我爱Python！”制作为二维码并保存为code.png格式的文件。该二维码为黑白色块，扫描就能够显示：“我爱Python！”

```
import qrcode

# 创建二维码
qr = qrcode.make("我爱Python！")
# 保存图片
qr.save("code.png")
```

AI加油站

请你向AI助手询问：“qrcode库有哪些常用的参数？请你整理成为表格并举出相应的例子进行说明！”或者“如何使用qrcode库创建彩色的二维码？”

3.生成Wi-Fi二维码

对于“扫描二维码链接Wi-Fi”的功能，并不能简单地以字符串的形式呈现，需要固定的特殊格式。

```
WIFI:T:<加密类型>;S:<WiFi名称>;P:<密码>;;
```

例如“WIFI:T:WPA;S:CMCC-910;P:Jxqxh2021;;”。

该Wi-Fi的加密类型是WPA；Wi-Fi名称是CMCC-910；Wi-Fi密码是Jxqxh2021。对于家用路由器，WPA/WPA2是适用的，所以最少需要输入两个参数——Wi-Fi名称和密码。

小禾敲黑板

Wi-Fi格式的最后两个分号;;是格式要求，不能省略！

（1）生成二维码

导入qrcode库和gradio库。首先编写生成二维码的主要函数。定义一个Wi-Fi函数，包含两个参数：ssid对应Wi-Fi的名称（比如"School_WiFi"）；password对应Wi-Fi的密码（比如"12345678"）。按照国际通用的Wi-Fi二维码格式拼接字符串并调用qrcode库的make()方法，将配置字符串转换成二维码图像。

在函数最后，并没有使用qr.save("wifi.png")直接保存图片，而是使用qr.get_image()提取二维码的图像数据，稍后供gradio显示或保存为图片文件。

```
def wifi(ssid, password):
    # 配置WIFI格式
    config = f"WIFI:T:WPA;S:{ssid};P:{password};;"
    qr = qrcode.make(config)
    return qr.get_image()
```

（2）创建界面

使用fn绑定创建好的Wi-Fi函数，因为该函数有两个参数，需要创建两个输入框，分别输入Wi-Fi名称和密码。对于密码的输入，如果使用普通文本框，输入的内容会明文显示，例如输入123456，则屏幕显示123456。如果加上type="password"，则输入内容会以星号*的形式显示，例如输入123456，则屏幕显示******。在输出时，使用gr.Image展示生成的二维码图片。在gradio界面中，label就像每个组件旁边的“小标签”，用来告诉用户这个组件是做什么的，因此，在程序中为输入框和输出框都增加了label参数。

最后，使用title和description为网页增加标题和描述性信息，使用allow_flagging="never"去掉不必要的按钮，让界面更为简洁。

```python
app = gr.Interface(
    # 绑定刚才定义的功能函数
    fn=wifi,
    # 输入区：定义两个文本框组件
    inputs=[
        # 第一个文本框，标签是“WiFi名称”
        gr.Textbox(label="WiFi名称"),
        # 第二个文本框，type="password"会隐藏输入内容
        gr.Textbox(label="密码", type="password")
    ],
    # 输出区：显示二维码图片的组件
    outputs=gr.Image(label="扫码连接WiFi"),
    # 网页标题，显示在顶部
    title="WiFi二维码生成器",
    # 说明文字，告诉用户怎么用
    description="输入WiFi信息可以为你生成二维码",
    # 关闭用户反馈功能（输出框下面的Flag）
    allow_flagging="never"
)
```

（3）启动网页

默认状态下，使用app.launch()命令就能启动网页。

```python
app.launch()
```

如果想为这个网页工具增加登录功能或者让别人也能通过网络使用该网页工具，就需要为这个方法添加一些参数。

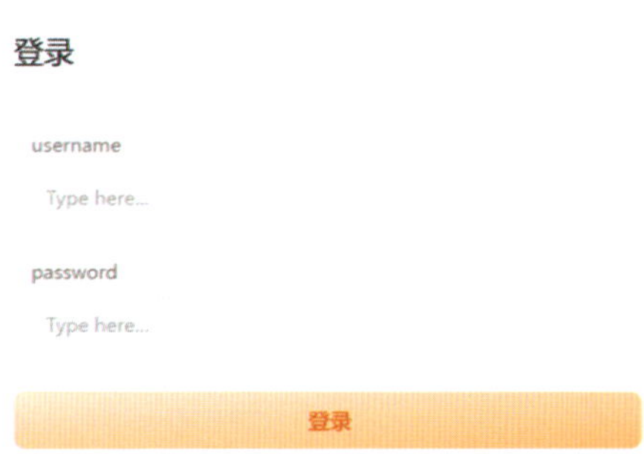

auth参数：接受一个列表，列表中的每个元素是一个（用户名，密码）元组。在访问应用时，会弹出登录窗口，只有输入正确的用户名和密码才能进入。例如，定义两个用户admin、user可以使用这个网页，它们的密码分别是123和456。那么启动后就会自动显示登录页面，只有这两个用户可以访问。

```python
auth=[("admin", "123"), ("user", "456")]
```

小禾敲黑板

在真实项目中，不要在代码中明文存储密码，可以从环境变量或配置文件读取密码。

计算机就像是一座宿舍楼，整栋楼有一个IP地址（比如192.168.1.1），就像宿舍楼的具体地址是“学校3号楼”。宿舍楼里的每个房间住着不同的“应用程序”（比如浏览器、游戏、微信），每个房间都有一个端口号（Port），就像门牌号（比如305室）。数据就像快递包裹，通过网络通信时，数据包会带上IP地址+端口号，这样就能准确地送到目标程序，不会送错“房间”。如果没有端口号，则将数据送到计算机后，不知道应该交给哪个程序（就像快递员把包裹扔在宿舍楼门口，没人知道该给谁）。

server_port参数：用于设置网页的端口号，默认为server_port=7860，保持即可。

```
server_port=7860
```

现在你的网页只能自己通过http://127.0.0.1:7860访问，如果想要在局域网内使用，则需要设置server_name参数。设置server_name="0.0.0.0"后会监听计算机的所有网络接口，允许通过局域网或公网访问。

小禾敲黑板

当两台设备使用同一网络时，例如，你的手机和计算机都连接到家里的Wi-Fi，那么你的手机和计算机处在一个局域网内。

```
server_name="0.0.0.0"
```

另外，你还需要知道自己计算机的IP地址，这就像你让朋友到家里做客，你需要告诉他们你家的地址和房间号，他们才能找到你一样。假如你的IP地址是192.168.2.2，那么运行程序后别人就可以通过http://192.168.2.2:7860这个地址来使用你的网页。

```
# 启动 Gradio 应用
app.launch(
    # 设置身份验证（auth），允许特定用户通过用户名和密码访问应用
    auth=[("admin", "pass123"), ("user", "user456")],
    # 设置服务器监听地址为 "0.0.0.0"（表示允许所有网络设备访问）
    server_name="0.0.0.0"
)
```

AI加油站

想知道怎么才能查询到自己的IP地址吗？请你向AI助手提问：“请详细告诉我应该怎么查询自己计算机的IP地址。”

BUG研究所

输出

```
Running on local URL:  http://0.0.0.0:7860

To create a public link, set `share=True` in `launch()`.
```

运行程序后，若使用http://0.0.0.0:7860/访问网页会提示“网页无法访问”。因为运行在0.0.0.0地址的服务无法通过浏览器直接访问，你可以通过http://localhost:7860/或者http://127.0.0.1:7860/，抑或是通过IP地址：端口号访问你的网页。

本节完整代码如下。

```python
import qrcode
import gradio as gr

def wifi(ssid, password):
    config = f"WIFI:T:WPA;S:{ssid};P:{password};;"
    qr = qrcode.make(config)
    return qr.get_image()

app = gr.Interface(
    fn=wifi,
    inputs=[
        gr.Textbox(label="WiFi名称"),
        gr.Textbox(label="密码", type="password")
    ],
    outputs=gr.Image(label="扫码连接WiFi"),
    title="WiFi二维码生成器",
    description="输入WiFi信息可以为你生成二维码",
    allow_flagging="never"
)
app.launch(
    auth=[("admin", "pass123"), ("user", "user456")],
    server_port=7860,
    server_name="0.0.0.0"
)
```

4.知识拓展

gradio的网页界面默认为垂直布局，就像刚刚的案例那样。在实际使用时，大家可以根据自己的需要进行调整，把网页的布局想象成在网格上“铺设木板”。如果对打招呼小工具进行修改，共设置两行：第一行输入个人信息；第二行输出个人信息。在第一行，又可以设置三列，还可以指定列的宽度，用于输入不同的信息。

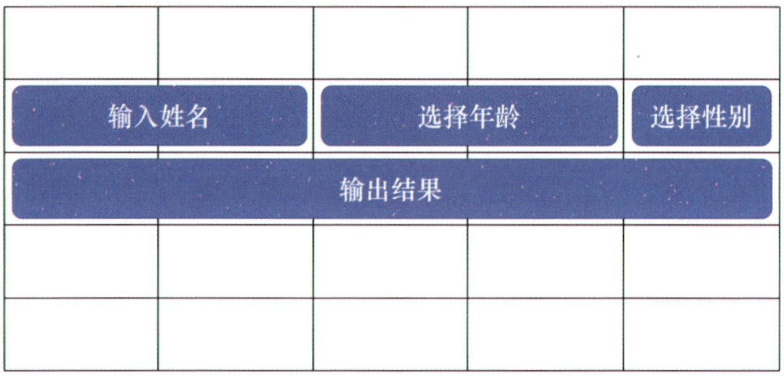

要完成这样的自定义布局，需要了解以下代码，特别是gr.Row()和gr.Column()来控制组件的行和列。

代　码	组件作用	布局样式
with gr.Blocks() as demo:	开启自定义布局（demo为应用名称，可修改）	\
with gr.Row()	开启水平（左右）布局	[组件A] [组件B]
with gr.Column()	开启垂直（上下）布局，scale可控制宽度	[组件A] [组件B]

下面的两个程序展示了我们对打招呼小工具界面布局的修改，并且两个程序分别设计了第一行中使用和不使用with gr.Column( )。

```python
import gradio as gr
def greet(name, age, gender):
    return f"你好，{name}!你今年{age}岁，性别{gender}。"
with gr.Blocks(title="布局示例")as demo:
    gr.Markdown("# 布局设计演示效果（一）") # 网页标题
    with gr.Row():                          #第一行设置输入
        with gr.Column(scale=2):            #左侧2/5空间
            name = gr.Textbox(label="输入姓名")
        with gr.Column(scale=2):            #中间2/5空间
            age = gr.Slider(minimum=10,maximum=80,label="年龄",step=1)
        with gr.Column(scale=1):            #右侧1/5空间
            gender = gr.Radio(["男","女"],label="性别")
    greet_btn = gr.Button("提交")
    with gr.Row():                          #第二行设置输出
        output_text = gr.Textbox(label="输出结果")
    #绑定按钮事件
    greet_btn.click(fn=greet,inputs=[name,age,gender],outputs=output_text)
demo.launch()
```

```python
import gradio as gr
def greet(name, age, gender):
    return f"你好，{name}!你今年{age}岁，性别{gender}。"
with gr.Blocks(title="布局示例")as demo:
    gr.Markdown("# 布局设计演示效果（二）")
    with gr.Row():                      #第一行设置输入
        name = gr.Textbox(label="输入姓名")
        age = gr.Slider(minimum=10,maximum=80,label="年龄",step=1)
        gender = gr.Radio(["男","女"],label="性别")
    greet_btn = gr.Button("提交")
    with gr.Row():                      #第二行设置输出
        output_text = gr.Textbox(label="输出结果")
    #绑定按钮事件
    greet_btn.click(fn=greet,inputs=[name,age,gender],outputs=output_text)
demo.launch()
```

AI加油站

代码没看懂？让AI助手讲一讲吧！请把代码复制给AI助手并提问：“这段代码我没看懂。请你详细解释这段代码的逻辑、功能以及关联的知识点。”

动脑想一想

两个程序在界面上有什么区别吗？在功能上有什么区别吗？

由于我们自定义了界面，对于“提交”按钮（greet_btn）的功能需重新设置。这里设置当单击按钮绑定了greet函数，包括三个输入变量和一个输出变量。

```
greet_btn.click(fn=greet, inputs=[name, age,gender], outputs=output_text)
```

动手试一试

将greet_btn按钮代码增加一个缩进，将它放入with gr.Row中，观察界面有什么变化。

源码秘境

下面的代码实现了一个网页版Wi-Fi二维码生成器，用户输入Wi-Fi名称和密码后，自动生成符合手机扫码连接标准的二维码图片，支持基础账号验证，还支持访客通过局域网访问。

扫码看视频

```
import qrcode
import gradio as gr

def wifi(ssid, password):
    config = f"WIFI:T:WPA;S:{ssid};P:{password};;"
    qr = qrcode.make(config)
    return qr.get_image()

app = gr.Interface(
    fn=wifi,
    inputs=[
        gr.Textbox(label="WiFi名称"),
        gr.Textbox(label="密码", type="password")
    ],
    outputs=gr.Image(label="扫码连接WiFi"),
    title="WiFi二维码生成器",
    description="输入WiFi信息可以为你生成二维码",
    allow_flagging="never"
)
app.launch(
    auth=[("admin", "pass123"), ("user", "user456")],
    server_port=7860,
    server_name="0.0.0.0"
)
```

试炼工坊

1.【单选题】在gradio中，gr.Image组件的主要用途是（　）。

A.显示文本内容　　　　B.上传和展示图片

C.播放视频文件　　　　D.输入图像尺寸参数

2.【单选题】在gradio中，type="password"的作用是（　　）。

A.隐藏输入内容，显示为星号*

B.自动加密用户输入的内容

C.限制输入长度为8～20个字符

D.只能输入数字和字母

3.【单选题】在gradio中，label参数的主要作用是（　　）。

A.美化界面颜色

B.为组件提供文字说明，帮助用户理解用途

C.设置组件的大小

D.控制组件的交互逻辑

4.【判断题】gr.Interface的inputs参数需按顺序对应功能函数的参数。（　　）

5.【判断题】设置auth=[("user", "123")]后，用户访问应用时会显示登录页面。（　　）

AI加油站

让AI助手来考考你吧！你可以发送代码并提问："根据代码来考考我吧！请你分别出几道选择题、判断题，并标注星级难度！我将按顺序发给你答案，请你解析相关知识点，并根据我的回答，分析我的学习效果，同时给出建议或者学习路径、学习资源。"

码上行动

参考"源码秘境"完成"二维码生成工具"程序设计，并进行迭代升级：添加单选按钮，可以让用户选择输出绿白或黑白的二维码。

扫码看视频

AI加油站

如何使用qrcode生成彩色的二维码？你可以向AI助手寻求帮助："我学了qrcode知识点，想生成彩色的二维码（前景色为绿色，背景色为白色），请写一段简洁的代码来实现这个功能，并添加详细的注释为我解释这些代码。"

创意工坊

1.创意大师

gradio库还有很多创意玩法等待你尝试，例如，制作班级作业提交系统，学生们通过网页上传文件；搭建单词闯关游戏，用文本框输入答案，用按钮提交计分；设计简易画板，通过画布组件涂鸦，使用颜色选择器调色；开发校园活动报名系统，使用下拉列表框选择活动，使用复选框勾选参与项目；创建课程表查询工具，输入课程名称，快速检索上课时间和地点。下面的代码是一个照片水印生成器案例。

```python
from PIL import Image, ImageDraw, ImageFont
import gradio as gr
# 添加水印函数
def add_watermark(img, text):
    # 将图像数据转换为可被处理的格式
    image = Image.fromarray(img)
    # 创建绘图对象，用于在图像上绘制内容
    draw = ImageDraw.Draw(image)
    try:
        # 尝试设置字体为黑体
        font = ImageFont.truetype("simhei.ttf", 30)
    except:
        # 不行则使用默认字体
        font = ImageFont.load_default()
    # 在左上角写上写上白色的水印文字
    draw.text((10, 10), text, font=font, fill="white")
    return image
# 界面
interface = gr.Interface(
    fn=add_watermark,
    inputs=[
        gr.Image(label="上传图片"),
        gr.Textbox(label="输入水印文字")
    ],
    outputs="image",
    title="简单水印工具",
    description="上传图片+输入文字→自动添加水印"
)
interface.launch()
```

2. AI互动

试试向AI提出以下问题。

“能用gradio做一个‘文本加密’程序吗？并告诉我每段代码的作用。”

“Python的gradio库还能解决什么生活或者学习问题？有没有创意玩法？

请举几个趣味场景。”

“我想用Python的gradio库做一个‘邀请函生成’程序，当我输入姓名、时间、地点等信息后，给我一张邀请函图片，请你帮我列出详细的编程步骤，推荐合适的Python知识点，使用伪代码辅助我完成程序。”

3.灵感笔记

我想用本节课所学知识做________________________________

遇到的困难是________________________________

需要AI帮我解决________________________________

编程超能力

快把新学的代码用法、好玩的项目创意、容易出错的地方记下来！也可以画思维导图梳理思路，帮知识牢牢“住”进大脑，以后编程就更厉害啦！

AI加油站

跟AI助手聊聊你的编程学习心路历程吧，你可以提问：“我学了gradio库就能创建网页了，还需要学习HTML、CSS、JavaScript等技术吗？”

第5章

人工智能应用

5.1 大模型聊天机器人——自然语言处理

任务中心

在当今的数字化时代，人工智能对话系统已广泛应用于客服、教育、娱乐等领域。无论是企业还是个人，都希望能拥有一个智能助手，帮助回答问题、提供建议，甚至进行个性化交流。然而，开发一个功能强大的对话AI通常需要大量数据和计算资源，这对普通开发者来说门槛较高。

幸运的是，如今各大科技公司（如OpenAI、百度、阿里云等）提供了大模型API，让人们可以轻松地调用现成的大语言模型，快速构建自己的智能聊天助手。

任务解码站

1.了解生成式人工智能（大语言模型）。

2.认识API并能够正确调用大模型API。

3.能够使用语音合成技术生成声音。

4.能够利用大模型生成软件的GUI界面。

单词剧场

message	completion	assistant	client
/ˈmesɪdʒ/	/kəmˈpliːʃ(ə)n/	/əˈsɪstənt/	/ˈklaɪənt/
消息	完成	助手	用户端

代码探秘

想象一下，你有一个超级聪明的电子大脑，它读过的书、文章和网页比你一辈子能读到的还要多！它通过“学习”海量的知识，变得能回答问题、写故事甚至编代码，就像一个无所不知的机器人朋友。这个“大脑”就是大模型。

大模型用了什么技术？

（1）超级记忆库：大模型的“大脑”里有很多参数（可以当成它的“脑细胞”），比如ChatGPT有上千亿个参数！这些参数让它能够记住各种知识，并快速找到答案。

（2）内容分析：通常大模型使用的核心技术叫Transformer（深度学习技术），它能把文字拆成小块，分析它们之间的关系。比如“猫抓老鼠”，它会理解“猫”是动作的发起者，“老鼠”是被抓的对象。

（3）自学成才：大模型会先“读书自学”，比如“读”遍网上的文章、百科和小说（这一步叫预训练）。然后，人们再教它做特定的任务，比如回答问题或写邮件（这一步叫微调）。

（4）举一反三：即使没有学过某个问题，大模型也能通过联想猜出答案。比如：“如果恐龙还活着，世界会怎样？”它会结合恐龙的相关知识和现代社会的规律，编出一个科幻故事。

举个例子，AI如何回答“作业好多怎么办？”

步骤1：理解关键词：作业=学习任务，多=压力大。

步骤2：调取相关知识：时间管理技巧/心理安慰语句。

步骤3：生成3种风格的回复。

学霸版：“建议用番茄钟法，25分钟专注学习+5分钟休息。”

治愈版：“摸摸头，写完奖励自己一杯奶茶呀。”

幽默版：“要不……我们假装作业本被狗吃了？”

当前主流的大模型可分为两大类型，大语言模型（LLM）主要的核心能力是深度理解与生成自然语言等，生成式AI模型的核心能力是图文、音视频等内容的生成。它们各自具备独特的能力和特点，不过不需要特意对它们进行区分，统称为“大模型”即可。

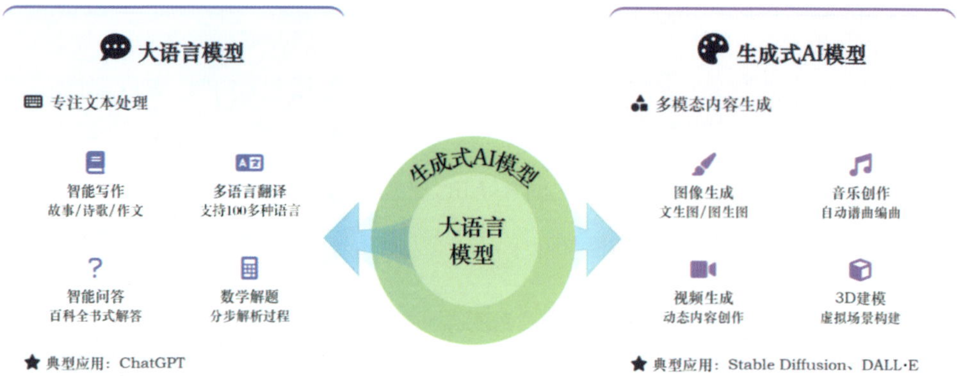

小禾敲黑板

我们一直在用的AI助手就是大模型的应用，尽管大模型表现很出色，但AI生成的内容并不一定总是正确的。它无法像人类一样进行批判性思考或验证信息的真实性，很可能一本正经地胡说八道（比如，编造不存在的历史事件），所以在面对AI生成的内容时要注意检查和思考。

1.使用API（应用程序接口）

（1）什么是API

我们每天都在与各种各样的软件应用打交道：用手机地图查询路线、在购物软件下单购买商品、通过社交平台分享生活。这些应用程序之所以能高效地为我们提供服务，背后有一个重要的技术支撑——API。

API是应用程序接口（Application Programming Interface）的英文缩写，它是一种预先定义好的规则和协议，是不同软件之间实现“对话”的桥梁。简单来说，API就像不同应用程序之间的“翻译官”，让原本独立的软件能够相互理解、协同工作。例如，当我们在旅行类App中预订酒店时，这个App需要调用地图软件的定位功能和酒店预订平台的数据库，这种跨应用的数据交互就是通过API实现的。很多网站支持用微信、QQ等社交账号直接登录。网站通过调用社交平台的登录API，验证用户的身份信息，而无须用户重新注册账号。

API的主要功能是在不公开完整程序代码的前提下，为其他程序提供特定的服务或数据。这种设计模式既保证了系统的安全性，又提高了软件开发的效率——开发者不需要重复编写基础功能，直接调用成熟的API即可。例如，你想做一个根据天气推荐穿衣的应用，不需要自己造卫星或建气象站，而是通过代码向气象局的API发送请求。

具体流程如下。

准备请求：你的程序需要按气象局的规定，整理好“问题”（如城市名称、日期）。

发送请求：将这些信息打包成特定格式，通过互联网发送到气象局提供的API地址。

接收结果：气象局的服务器收到请求后，会自动查询天气数据，并将结果（如温度、晴天/雨天）返回给你的程序。

生成推荐：根据返回的天气数据，你可以编辑程序设置规则（如“温度低于10℃时建议穿羽绒服”），生成穿衣建议。

作为数字时代的重要技术桥梁，API让不同的软件系统能够打破壁垒、协同工作，极大地丰富了人们的数字化生活。从本质上说，API是一种标准化的交互规则，它既保证了技术实现的严谨性，又为开发者和用户提供了便捷性。

（2）大模型的API

想要使用大模型，除了使用网页工具或者App，还可以使用API。这样，我们无须从头训练大模型，也无须理解模型内部的工作原理，更不需要高性能的计算机，只需通过API发送指令，就能让自己的软件拥有理解语言、生成内容、分析问题的智能功能。

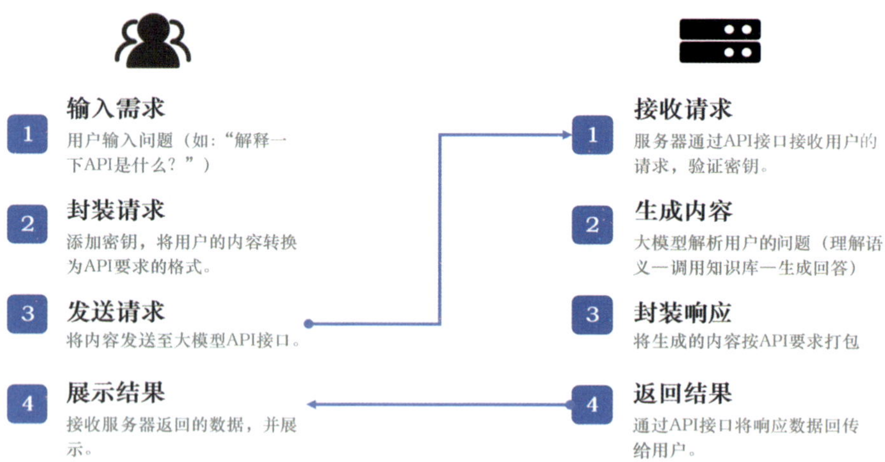

目前，大多数知名人工智能公司都会开放自家大模型的API服务，这就像手机厂商都会提供充电接口一样，已经成为行业标准配置。书生大模型是由上海人工智能实验室研发的国产大语言模型，下面将使用它的API设计大模型聊天助手。

（3）体验书生大模型

访问书生通用大模型体系官网（需登录）。

书生·浦语（InternLM）是专注于纯语言处理的大语言模型（LLM），擅长文本生成、逻辑推理、代码编写等任务；书生·万象（InternVL）是多模态大模型，支持图像、文本等多种模态的输入与交互，擅长视觉理解、跨模态推理等任务。

动手试一试

体验大模型的不同功能。

点击API按钮，可以获取个人密钥。就像你需要刷小区的门禁卡才可以进入小区一样，如果你访问大模型的服务也得申请一张“门禁卡”。

密钥能证明你的身份，当你调用API时，服务器需要知道“谁在使用我的服务”。

单击“创建API Token”按钮，创建一个API名称并提交，即可获取API Token。API Token仅创建时可见，因此要尽快复制并合理保存。

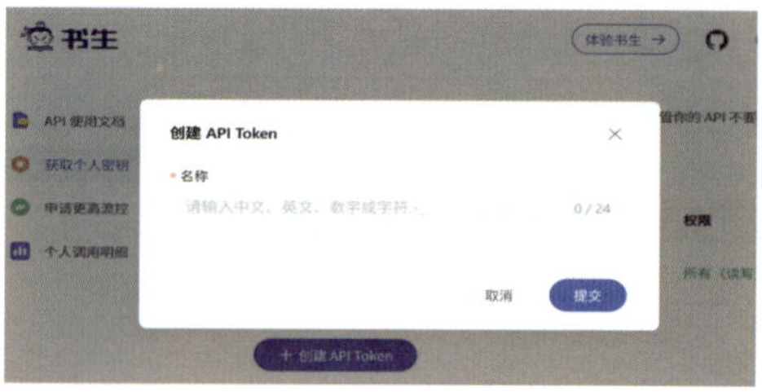

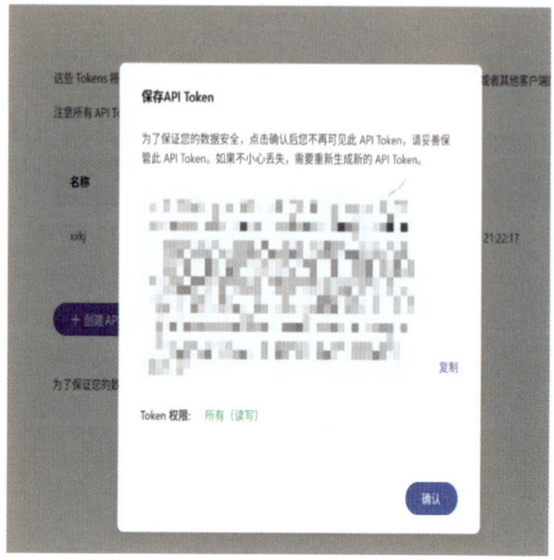

小禾敲黑板

API Token相当于你的“令牌”，是访问大模型服务的“数字钥匙”，需要妥善保管。很多大模型都会限制使用次数或按流量收费，如果他人获取了你的密钥，可能会用你的账号大量使用大模型服务，消耗你的账户使用次数或流量，甚至导致欠费。

希望大家记住：

密钥不是小透明，随意泄露可不行，

小心使用勤检查，安全第一数你行！

密钥可以限制你能够访问的数据量。单击“个人调用明细”按钮，可以查看当前的使用明细。数据量的单位是Token。通常1个Token ≈ 1～2个汉字。比如输入“你好”，它会被拆成“你”“好”两个字，这就消耗了1个或2个Token。你输入的字数和AI回答的字数都按Token计费，就像发送短信按条收费。

2.使用大模型

本节将通过Python的OpenAI库，结合InternLM3大模型API，实现一个支持多轮对话的简易聊天机器人程序。

输出

```
我： 你好，我们来玩成语接龙吧！
AI： 你好！成语接龙是一个非常有趣的语言游戏，它不仅能锻炼我们的词汇量，还能加深我们对成语的理解。好的，让我们开始吧！
“一马当先”。这个成语的意思是比喻在队伍中走在最前面，起到带头作用。接下来，您来接龙，用“先”字开头的成语。期待您的回答！
我：
```

（1）安装OpenAI库，创建客户端

OpenAI库是OpenAI官方提供的软件开发工具包（SDK），支持多种编程语言，旨在简化对大模型API的调用，让开发者们将先进的AI模型集成到自己的应用中。在海龟编辑器中搜索、安装该库并导入。

```python
from openai import OpenAI
# 创建客户端
client = OpenAI(
    api_key = "XXX", # 填写密钥
    base_url = "https://chat.intern-ai.org.cn/api/v1/" #服务地址
)
```

通过OpenAI类创建一个与AI服务通信的客户端对象，后续通过client命令调用API。该对象有两个参数，api_key是身份验证密钥，相当于访问的密码。base_url用于设置将请求发送到哪个服务器地址。

（2）获取用户输入，调用模型生成回复

```python
while True:
    question = input("我： ")
    # 向服务器发送请求
    aichat = client.chat.completions.create(
        model = "internlm3-latest",
        messages = [
            {"role": "user", "content": question}
        ],
        stream = True,
    )
```

为了能够不断地和AI互动，我们可以创建一个while循环。循环开始时使用input获取用户的输入信息。随后使用client.chat.completions.create()向AI服务器发送请求。该函数有如下3个参数。

参　数	说　明
model="internlm3-latest"	指定使用的AI模型，不同的模型性能不同，InternLM3是当前最新的模型
messages=[　{"role": "user", "content": question}]	发送对话内容。 "role": "user"表示当前信息是由用户发送的，"content": question表示输入的内容是什么
stream=True	启用流式输出，想要将AI的回复逐字显示就需要启动它

AI加油站

什么是流式输出？你可以向AI助手提问：“在大模型的回复中，什么是流式输出？请给我通俗易懂的解释。”

messages参数是一个消息列表对象，每条消息都是一个字典（dict），它至少包含两个参数。

参　数	说　明
role	消息角色，可选："user"（用户）、"assistant"（AI）、"system"（系统指令）
content	消息的文本内容（用户问题、AI回复或系统提示）

其中，role参数可以用于设置不同的角色。

角　色	使用场景
system	系统指令：设定AI行为（如角色设定、输出格式约束），通常放在第一条
user	用户输入：问题或指令，交给AI生成回复
assistant	AI回复：历史对话中的AI回答，用于维持上下文的连贯性

（3）流式输出AI回复

```
while True:
    ...
    print("AI: ", end = "")       # 先打印"AI:"，不换行
    for chunk in aichat:
        content = chunk.choices[0].delta.content
        print(content,end = "") # 逐字打印AI的回复
    print()                     # 最后换行
```

在循环中继续编写代码，以流式输出展示AI的回复。

print("AI: ", end="")的作用是先打印对话前缀“AI: ”，让用户知道接下来是AI的回复。在默认情况下，print()会在结尾自动换行，设置end=""表示不要换行，后续内容直接接在“AI: ”后面。

aichat是AI实时产生的回复。AI回复的内容将分成若干个“块”（chunk）传输给你，所以使用循环可以将它们逐个显示出来。

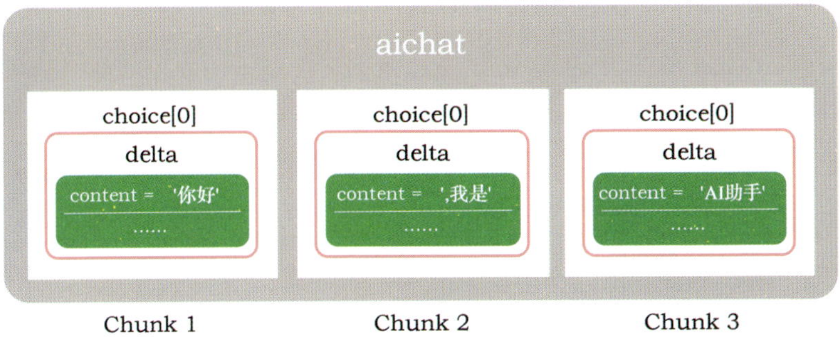

但是，这个“块”是一个对象，里面还有很多其他的非文本数据，那是我们不需要的，可以使用chunk.choices[0].delta.content把需要的文字提取出来。

最后，print (content, end="")表示逐字打印AI的回复，end=""表示不换行（模拟打字机效果）。print( )表示换行，以确保下轮对话在新的一行开始。

动手试一试

如果不用end=""会怎样？

该节完整的代码如下。

```
from openai import OpenAI
# 创建客户端
client = OpenAI(
    api_key = "XXX",
    base_url = "https://chat.intern-ai.org.cn/api/v1/"
)
while True:
    # 获取用户输入，调用模型生成回复
    question = input("我： ")
    aichat = client.chat.completions.create(
        model = "internlm3-latest",
        messages = [
            {"role": "user", "content": question}
        ],
        stream = True,
    )
    # 显示AI回复
    print("AI: ", end = "")
    for chunk in aichat:
        content = chunk.choices[0].delta.content
        print(content,end = "")
    print()
```

Bug研究所

运行该程序并向AI发送消息，你会发现，AI的回答有些答非所问。当前代码每次提问时，messages只包含用户提问的最新问题，这就导致AI无法记住之前的对话，每次开始的对话都是新对话，就像每次和新认识的陌生人聊天一样。你可以将代码和自己的问题发送给AI助手，尝试让AI助手帮你解决。或者你可以问："请帮我看看代码有什么问题，详细解释出错的原因并告诉我处理办法！"

注意：请勿将密钥发送给AI助手，以免泄露，可以将密钥改为api_key = "XXX"。

3.多轮连续对话

如果能让AI回顾之前的对话，那么它就不会"失忆"了。因此，我们需要一个"笔记本"，记录我们和AI对话的全部内容。

（1）记录用户输入的信息

在循环对话开始前创建一个空列表，用于记录聊天信息。

```
# 创建列表保存聊天记录
history = []
```

当用户输入问题以后，按格式用字典记录角色（user）信息和问题，并添加到聊天记录的列表中。

```
# 将新问题添加到聊天记录
history.append({"role": "user", "content": question})
```

在调用大模型发送消息时，可直接将聊天记录赋值给message发送给大模型。

```
# 直接将聊天记录发给AI
messages = history,
```

（2）记录AI回复的信息

创建一个空字符串，用于记录AI回复的消息。

```
# 创建空字符串用于记录AI的回复
reply = ""
```

由于AI回复的消息是流式的，因此将AI回复的字符都拼接到full_response上，构成一段完整的回复。

```
# 将AI的回复拼接成一段话
reply += content
```

最后，将拼接好的完整回复按格式用字典记录角色（assistant）信息和回复。

```
# 将AI的回复添加到聊天记录
history.append({"role": "assistant", "content": reply})
```

现在这个聊天记录列表中，既有用户的输入信息，也有AI的回复信息。当用户每次对话都将历史对话和新问题一起发送给大模型时，它就能够通过理解上下文的意思保存“记忆”了。

```
from openai import OpenAI

client = OpenAI(
    api_key = "XXX",
    base_url = "https://chat.intern-ai.org.cn/api/v1/"
)
# 创建列表保存聊天记录
history = []
while True:
    question = input("我：  ")
    # 将用户新问题添加到聊天记录中
    history.append({"role": "user", "content": question})
    aichat = client.chat.completions.create(
        model = "internlm3-latest",
        messages = history, #将聊天记录发给AI
        stream = True,
    )
    print("AI: ", end = "")
    # 创建空字符串用于记录AI的回复
    reply = ""
```

```
for chunk in aichat:
    content = chunk.choices[0].delta.content
    print(content,end = "")
    # 将AI的回复拼接成一段话
    reply += content
print()
# 将AI的回复添加到聊天记录
history.append({"role": "assistant", "content": reply})
```

动脑想一想

如果把大量的聊天记录发给AI会有什么影响？

4.优化聊天过程

想象你在和老师讨论问题，如果老师每次都要回忆你过去100次的提问，他可能会需要花时间回忆，同时他还可能混淆你们之前的对话。AI也一样！虽然它“记忆力”很强，但处理太多旧信息会降低效率。

如何合理限制“回忆”？

可以控制聊天记录的长度，保留最近几轮对话。例如，设置将最近的5轮聊天记录发给AI，这些足够让AI理解当前话题的上下文了，也能避免被太久远的信息干扰。

AI加油站

还记得“列表切片”的知识吗？如果忘记了，请告诉AI助手：“请你告诉我Python列表切片的知识。”

索引	列表内容
0	{"role": "user", "content": "我们来玩成语接龙吧"}
1	{"role": "assistant", "content": "请说出一个成语，我们开始接龙吧！"}
2	{"role": "user", "content": "无法无天"}
3	{"role": "assistant", "content": "好的，我将接一个成语：天马行空"}
4	{"role": "user", "content": "空空如也"}
5	{"role": "assistant", "content": "好的，我将接一个成语：也曾风光"}
6	{"role": "user", "content": "光怪陆离"}
7	{"role": "assistant", "content": "好的，我将接一个成语：离奇古怪"}
8	{"role": "user", "content": "怪声怪气"}
9	{"role": "assistant", "content": "好的，我将接一个成语：气象万千"}
10	{"role": "user", "content": "千方百计"}
11	{"role": "assistant", "content": "好的，我将接一个成语：计上心头"}

最近5轮对话（索引2–11）
history[-10:]

查看聊天记录，你可以发现最近的5轮聊天记录（共10条数据），因此可以使用history[-10:]获取列表最新的10条数据。除此之外，还应该把用户最新的问题发给AI，以便继续聊天。

```
...
while True:
    question = input("我： ")
    # 按格式整理用户的问题
    user = {"role": "user", "content": question}
    aichat = client.chat.completions.create(
        model = "internlm3-latest",
        # 将最近的5轮对话以及用户的新问题发给大模型
        messages = history[-10:] + [user],
        stream = True,
    )
...
```

当然，在获取AI的回复后，也要将相应的问题和回复都记录到列表中。

```
# 将问题和回复添加到聊天记录中
history.append(user)
history.append({"role": "assistant", "content": reply})
```

小禾敲黑板

5轮对话记录已足够维持上下文的连贯性。大模型的使用是按Token计费的，减少多余的文本可节省Token；剔除过时或无关对话（如上周的天气讨论），让AI专注于当前问题，减少“旧信息干扰”导致的答非所问。同时，也可避免意外传输敏感历史消息（如地址、密码），降低数据泄露的风险。

5.知识拓展

（1）设定AI身份

医生拥有专业的医学知识，老师拥有系统的教学方法，如果你向这些专业人员提出问题，他们就能给出专业的回答。在和大模型聊天时，如果想要某个领域更专业的回答，就需要给AI设定一个角色。

例如，你想和一位诗人聊天，你就可以对大模型做出以下设定。

“你是一位精通古诗词和现代诗的大诗人，回答时需满足以下要求：①默认用七言绝句或五言律诗回复；②若用户要求现代诗，则采用徐志摩的风格；③每句押韵，语言优美而富有意境。”

修改前后的回复对比	
修改前	修改后
我：描写春天 AI：春天是大自然最温柔的苏醒。和煦的阳光融化了最后一片残雪，泥土散发出潮湿的芬芳。嫩绿的草芽从枯黄中探出头来……	我：描写春天 AI：《春晓》 东风拂柳绿丝绦，细雨沾花粉黛娇。 最是一年春好处，踏青莫待艳阳消。

如果你需要一个这样的角色，在对话前可以先按格式设定好AI的身份。

```
# 设定AI身份
system = {
    "role": "system",
    "content": "你是一位精通古诗词的大诗人，请使用古诗词与我对话。"
}
```

每次对话都要重新发送系统指令，因为AI没有记忆能力，每次请求都是独立处理的。因此在每轮对话开始时，将身份信息和聊天记录以及用户的新问题组合发给大模型。

```
# 每次将AI的身份、最近5轮对话、用户的新问题组合发给大模型
messages = [system] + history[-10:] + [user],
```

（2）向AI发送图片

AI模型不能直接“看”图片文件，需要我们把图片转换成它能理解的格式——Base64编码，这就如同把一张照片翻译成一段特殊的文字密码。

下面是一段图片编码函数，它展示了如何将图片转为编码。

```
import base64  # Python内置的编码库

def encode_image(image_path):
    # 以二进制模式('rb')打开图片文件
    with open(image_path, "rb") as image_file:
        # 两步转换：
        # b64encode：把二进制数据变成Base64编码
        # decode('utf-8')：把编码转换成字符串
        return base64.b64encode(image_file.read()).decode('utf-8')
```

当用户输入消息后，填写图片的路径（位置），调用图片编码函数，在构建消息时图片编码要分为文字部分和图片部分，这和原有的格式是有区别的。

```
# 获取用户问题
question = input("我：")
# 指定图片路径
image_path = "XXX.png"
# 调用编码函数
base64_image = encode_image(image_path)
# 构建消息结构
user = {
    "role": "user",  # 表示这是用户发送的消息
    "content": [     # 消息内容可以是多种类型的组合
        {
            "type": "text",  # 文字部分
            "text": question
        },
        {
            "type": "image_url",  # 图片部分
            "image_url": {
                # 特别注意这个格式:
                # data:image/[图片类型];base64,[编码数据]
                "url": f"data:image/png;base64,{base64_image}"
            }
        }
    ]
}
```

更多的内容可以在书生模型的API使用文档中找到。

AI加油站

不理解代码的意思？不着急，问问AI助手吧！把代码复制给它并提问："这段代码我不懂，请你详细解释这段代码的逻辑、功能以及关联的知识点。"

源码秘境

扫码看视频

本作品完整代码如下。

```
from openai import OpenAI

# 创建OpenAI客户端实例
client = OpenAI(
    api_key = "XXX",  # 替换为您的实际API密钥
    # 指定API服务地址
    base_url = "https://chat.intern-ai.org.cn/api/v1/"
)
# 初始化聊天历史记录，用于存储对话
history = []
# 启动无限循环，实现持续对话
```

```python
while True:
    # 获取用户输入的问题或消息
    question = input("我： ")
     # 将用户输入格式化为OpenAI API要求的格式
     # role属性"user"表示这是用户发送的消息
    user = {"role": "user", "content": question}
    # 调用OpenAI聊天
    aichat = client.chat.completions.create(
        model = "internlm3-latest",  # 指定使用的大模型版本
        # 提供对话上下文：取最近10条历史记录+当前用户输入
        messages = history[-10:] + [user],
        stream = True,  # 启用流式传输，逐步接收生成结果
    )
    # 开始输出AI的回复
    print("AI: ", end = "")
    reply = ""
    # 遍历流式传输的每个数据块
    for chunk in aichat:
        # 从数据块中提取生成的文本内容
        content = chunk.choices[0].delta.content
        # 实时输出生成的内容（不换行）
        print(content, end="")
        # 将新生成的内容追加到回复字符串
        reply += content
    # 换行以便下次输入
    print()
    # 将本次对话添加到历史记录中：
    # 1. 添加用户消息
    history.append(user)
    # 2. 添加AI的回复消息，role为"assistant"表示AI回复
    history.append({"role": "assistant", "content": reply})
```

试炼工坊

1.【单选题】在OpenAI客户端初始化时，base_url参数的作用是（ ）。

A.设置API密钥　　B.指定AI模型的版本

C.定义API服务器的地址　　D.限制请求速率

2.【单选题】stream=True参数的功能是（ ）。

A.强制AI一次性返回完整的回答　　B.启用流式响应（逐字输出）

C.压缩传输数据　　D.忽略网络延迟

3.【单选题】在消息格式中，"role": "assistant"表示（ ）。

A.系统管理员　　B.AI助手的回复

C.用户的提问　　D.错误日志

4.【单选题】代码中chunk.choices[0].delta.content的作用是（ ）。

A.获取错误信息　　B.提取流式响应的文本片段

C.计算响应时间　　　　　　　　D.加密通信内容

5.【单选题】若要将对话历史限制为最近3轮，应如何修改？（　）

A.history[-3:]　　　　　　　　B.history[-6:]

C.history[:6]　　　　　　　　D.history[6:]

码上行动

参考“源码秘境”完成“大模型聊天助手”程序设计，并添加“结束对话”功能，当用户输入“结束”时，结束当前对话，并将聊天记录以.txt格式保存在计算机中。

扫码看视频

AI加油站

你可以将代码粘贴给AI助手并说明：“我做了一个与大模型聊天的程序，现在我想增加一个保存聊天记录的功能，当我输入‘结束’时聊天结束，并将聊天记录保存为.txt格式，请你给出提示。另外，你觉得还可以添加什么功能？请给出建议和示例。”

创意工坊

1.创意大师

本节课介绍的通过API调用大模型技术，不仅能用于日常对话，还能解锁超多新奇有趣的应用！例如，智能作文小帮手：输入作文题目后，AI快速给出写作思路和素材；编程答疑助手：当你输入代码报错信息后，AI立即分析出错原因并提供解决方案；还可以制作“古诗创作小达人”应用，输入主题就能生成优美的诗词。下面的代码展示了一个简易的“智能菜谱顾问”应用，当你输入冰箱中现有的食材后，大模型瞬间会规划出美味菜谱。

```
from openai import OpenAI

# 创建客户端，连接服务器
client = OpenAI(
    api_key = "XXX",
    base_url = "https://chat.intern-ai.org.cn/api/v1/"
)
# 系统提示词，定义AI的角色和任务
system = {
    "role": "system",
    "content": """
    你是一位专业的智能菜谱顾问。用户会提供冰箱里现有的食材，你需要根据这些食材生成3-5道不同的菜谱。
```

```
    每个菜谱应包含以下信息：
    菜谱名称、所需食材（标注用户已有和需要额外购买的）、烹饪步骤、烹饪时间和难度、口味特点
    请确保菜谱多样化，包括不同菜系和烹饪方式，同时考虑营养均衡。
    """
}
print("欢迎使用智能菜谱顾问！")
print("请输入你冰箱里现有的食材（用逗号分隔，如：鸡蛋,番茄,土豆）")
history = []
while True:
    foods = input("我： ")
    # 按格式整理用户的问题
    user= {
    "role": "user",
    "content": f"我有以下食材：{foods}。请为我生成几道合适的菜谱。"
    }
    # 将聊天记录和新问题发送AI，得到AI的回复
    aichat = client.chat.completions.create(
        model = "internlm3-latest",
        messages = [system] + history[-10:] + [user],
        stream = True,
    )
    # 显示AI的回复
    print("智能菜谱顾问： ", end = "")
    reply = ""
    for chunk in aichat:
        content = chunk.choices[0].delta.content
        print(content,end = "")
        reply += content
    print()
    # 将问题和回复添加到聊天记录中
    history.append(user)
    history.append({"role": "assistant", "content": reply})
```

2. AI互动

现在聊天程序的主体逻辑已经完成了，但是在控制台聊天总感觉不像样子，快让AI助手帮我们的程序添加一个美观的界面吧。你可以向它提交代码并将以下需求告诉它。

- 保留现有流式输出逻辑，利用gradio库改为在Web界面逐字显示。
- 添加聊天记录保存功能（单击下载按钮下载.txt文件）。
- 添加清空聊天记录功能。
- 按Enter键或者点击发送按钮可发送消息，并清空输入框。
- 限制会话长度，节省Token，每次只向大模型发送最多5轮对话。
- 增加登录功能，用户名为admin，密码为123。
- 增加局域网对话功能，使通过局域网连接的用户都能与AI会话。

3.灵感笔记

我想用大模型做________________

遇到的困难是________________

需要AI帮我解决________________

编程超能力

恭喜你完成大模型相关知识的学习，快把新学的代码用法、好玩的项目创意、容易出错的地方记下来！也可以画思维导图梳理思路，帮知识牢牢“住”进大脑，以后编程就能更厉害啦。

AI加油站

编程学累了？来和AI助手闲聊一会儿吧！你可以问问它：“我很好奇，你好像什么都懂，你是怎样记住这么多知识的？”

5.2 智能防疲劳系统——计算机视觉

任务中心

智能驾驶凭借先进的传感器和智能算法为人们的出行带来了便利，特别是在长途驾驶中，智能驾驶可以自动保持车速、跟车距离等，缓解驾驶员的疲劳。然而部分驾驶员在驾驶中放松警惕，甚至在开车时睡觉，这无疑是将自己和他人的生命安全置于危险之中。

如何应用人工智能解决这个问题呢？本节将开启一个极具意义的项目——制作驾驶监控器。该监控器将专注于监测驾驶员的状态，一旦检测到驾驶员出现瞌睡迹象，便会及时发出提醒，从而为行车安全增添一道有力的防线。

任务解码站

1.了解OpenCV库。

2.了解人脸识别的原理。

3.掌握简单人脸检测的实现方式。

4.掌握通过Pygame库发出提示的方法。

单词剧场

rectangle	capture	release	anti-sleep
/ ˈrektæŋɡ(ə)l /	/ ˈkæptʃər /	/ rɪˈliːs /	/ ˈænti-sliːp /
矩形	捕获；录制	释放	抗睡眠的

代码探秘

在着手制作防疲劳系统时，人脸识别技术至关重要，它能精准识别司机是否处于瞌睡状态。计算机没有眼睛，但它能通过摄像头和数学方法“观察”世界。当它处理一张照片时，会将画面分解为无数的小方格（像素），根据颜色将每个小格用一个数字表示，这张图就变成了一个充满数字的二维列表。

人看到的

```
[  [ [255 250 255] …… [184 179 190] ]
     [184 179 190] …… [178 176 186]
     [149 158 161] …… [152 160 165]
         ……         ……       ……
     [56  54  51]  …… [62  60  58]
     [56  54  54]  …… [64  62  62]
   [ [148 158 161] …… [147 156 160] ]  ]
```

计算机看到的

人脸识别原理

在生活中，人们可以通过扫脸识别身份、打开自动售货机、付款、开门禁，这其实使用的都是人脸识别技术，其核心原理是通过分析人脸的特征信息进行身份鉴别。

人脸识别属于生物识别技术，除了人脸，人的指纹、声纹、虹膜等都是个人独一无二的特征。人脸识别技术需完成两个关键任务——确认目标是人脸（人脸检测），确认该人脸的身份（人脸识别）。这一过程模仿了人类视觉系统的两阶段认知逻辑。

AI加油站

在生活中，人脸识别技术都有哪些应用呢？快问问AI助手吧，你可以提问：“人脸识别技术在生活中都有哪些应用？”

人脸检测：确认目标的存在

人脸检测也就是确定照片里有没有人脸以及人脸在哪里。计算机通过数百万张人脸与非人脸图像的训练，形成对“人脸共性”的理解。例如，五官分布规律：两个深色区域（眼睛）位于上方，中间有凸起部分（鼻子），下方有水平线条（嘴巴），眼睛间距约为脸宽的1/5。这样的“规律”可以称为一个模型。

当通过摄像头获取图片后，通过对不同器官的明暗对比，判断五官的分布，分析是否存在人脸。如果画面中的物体（如毛绒玩具、动物）不符合这些规律，则计算机判定“这不是人脸”，符合人脸特征的区域会被识别出来。

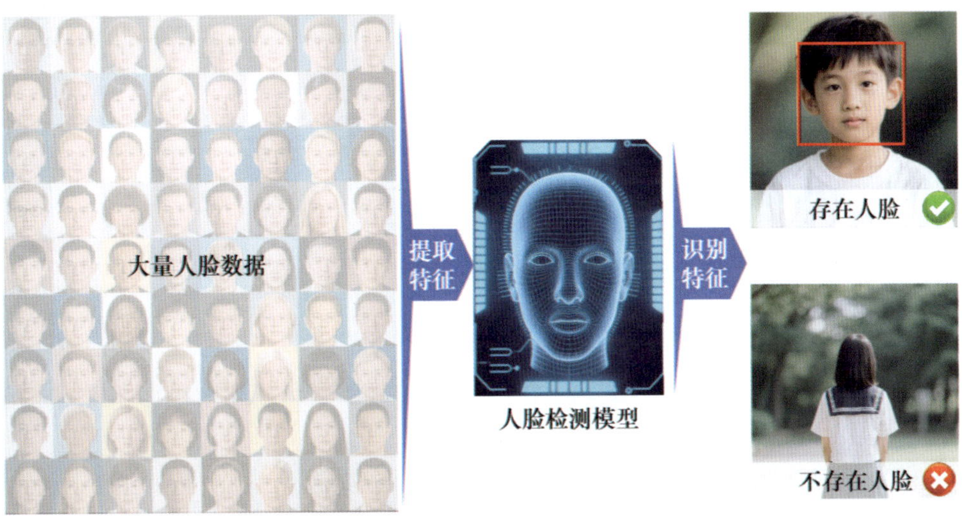

人脸识别：确认目标身份

计算机会测量人脸的多个关键距离和角度，例如，左眼瞳孔到右眼瞳孔的距离、鼻尖到下巴底端的长度、嘴巴宽度与脸宽的比例，这些测量值将转化为一组独特的数字代码，如[0.34, 1.72, 0.89……]，这相当于每个人脸部的“身份证号”，将实时检测到的数字代码与预先存储的代码库比对，找到最接近的匹配结果，对应的就是目标人物的身份。

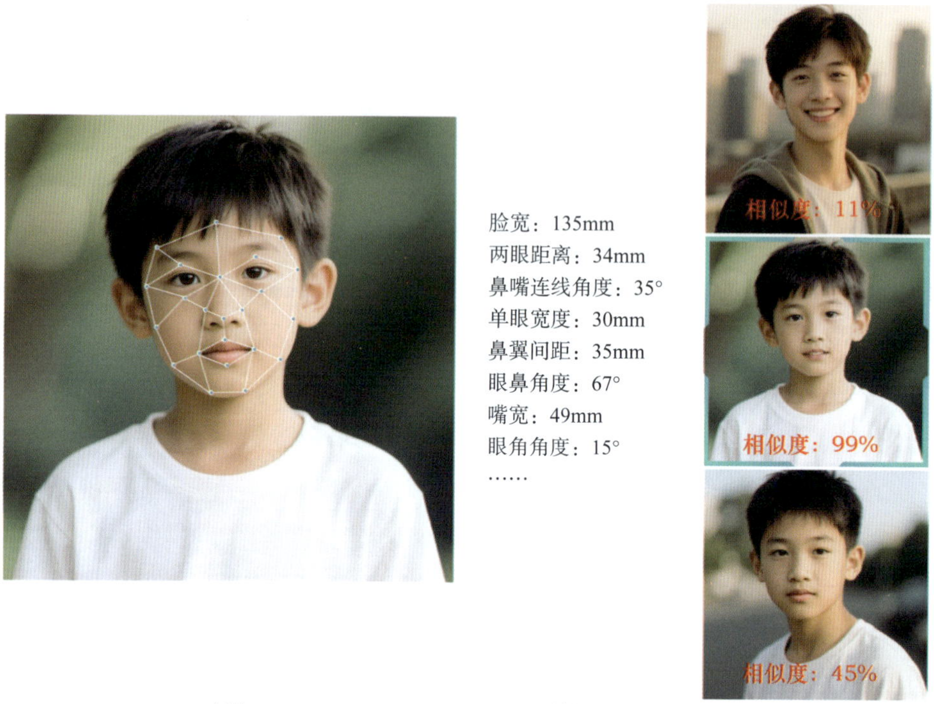

人脸　　数据　　数据库

当然，在黑暗或者强光的环境下，摄像头无法捕捉足够多的细节；当口罩/墨镜遮挡脸部面积过大或者是相似的双胞胎时，都有可能导致识别的精度下降。

1.人脸识别库——OpenCV

Python中有不少强大的人脸识别库，例如OpenCV 。它是一个广泛应用于计算机视觉领域的开源库，它涵盖了众多图像处理和计算机视觉算法，其中就包括人脸识别的相关功能。

OpenCV实现人脸识别主要基于Haar级联分类器。它先对图像进行预处理，将彩色图像转换为灰度图，这样就能简化后续处理流程。然后通过预先训练好的Haar特征分类器，在图像中搜索可能的人脸区域。这些分类器就像一个个“探测器”，能根据人脸的特征（如眼睛、鼻子、嘴巴的相对位置和形状等）判断某个区域是否为人脸。一旦检测到人脸，就会在图像上绘制矩形框标注出来。

本节将通过设计简易的防疲劳检测系统，利用摄像头来检测司机的面部状态，判断司机是否出现闭眼、眼神迷离等瞌睡迹象，为了能够及时发出提醒，还可以引入Pygame库发出警示音，守护驾驶安全。

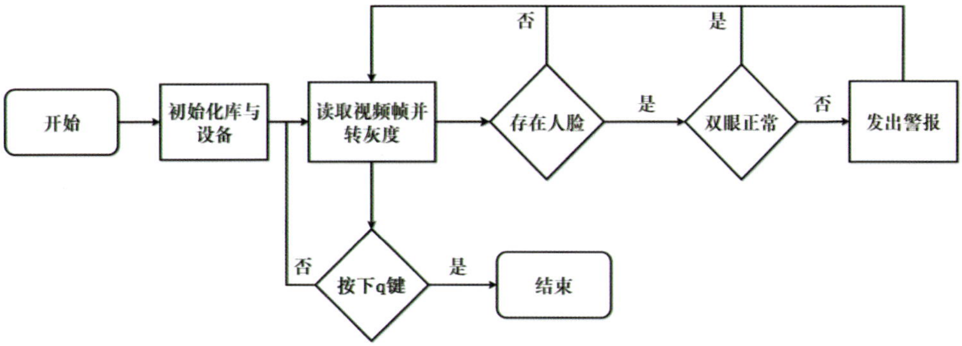

AI加油站

Python中还有哪些可以用于人脸识别的库呢？问问AI助手吧！

2.使用OpenCV打开摄像头

（1）导入OpenCV库

在海龟编辑器的“库管理”中搜索OpenCV并安装。OpenCV是处理图像和视频的核心工具，在本系统中用于摄像头操作、图像转换、人脸和眼睛检测等。

创建新文件，先使用import cv2导入OpenCV库。

（2）连接摄像头

```
# 打开摄像头（0表示默认摄像头）
camera = cv2.VideoCapture(0)
```

打开计算机的默认摄像头，参数0代表第一个摄像头，例如，笔记本自带的摄像头。

如果连接多个摄像头（如外接摄像头），可用1或2切换。

（3）持续接收画面

```
while True:
    #读取摄像头画面
    ret, frame = camera.read()
```

为了实时接收来自摄像头拍到的画面，这里需要使用while循环。变量ret表示是否成功捕捉到画面（True/False）；变量frame存储的是摄像头拍摄的画面，类似手机相册里的照片。

（4）显示画面

```
# 显示获取的画面
cv2.imshow('anti-sleep system!', frame)
```

在屏幕上打开一个窗口，实时显示摄像头拍摄的内容。这里有两个参数，‘anti-sleep system!’是窗口标题，意为“防瞌睡系统”，frame变量是刚刚获取的画面。画面是需要持续显示的，所以也需要放在循环中。事实上，它显示的是一张张照片，将这些照片快速地播放，就形成了视频。

Bug研究所

英文的窗口标题看起来并不直观，将窗口的标题改为中文会怎么样呢？可能会显示一堆看不懂的内容。

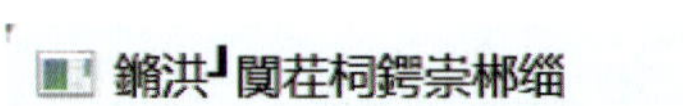

这是由于OpenCV对中文编码支持不佳。如果想解决这个问题，可以向AI助手求助：“在使用OpenCV时，我使用了cv2.imshow ('智驾防疲劳系统', frame）设置窗口标题为中文，但是标题显示的是一些乱码，请你向我解释原因并提供简洁的解决方案。”

（5）退出程序

```
if cv2.waitKey(1) == ord('q'):
    break
```

当按下键盘上的q键时，退出循环并关闭程序，waitKey(1)检测键盘输入，

1表示每毫秒检查一次按键。ord('q')表示将字母q转换为计算机能识别的编码。

（6）关闭摄像头

```
# 断开摄像头
camera.release()
# 关闭窗口
cv2.destroyAllWindows()
```

断开摄像头连接并关闭所有的显示窗口。

小禾敲黑板

destroyAllWindows看起来很长，但可以将其拆解为3个单词destroy、All、Windows，它们的意思是毁灭、所有、窗口。是不是好记多了？

以上内容可以被整合为下面这段代码。

```
import cv2
# 打开摄像头（0代表默认摄像头）
camera = cv2.VideoCapture(0)
while True:
    # 读取摄像头画面
    ret, frame = camera.read()
    # 显示画面
    cv2.imshow('anti-sleep system!', frame)
    # 按q键退出
    if cv2.waitKey(1) == ord('q'):
        break
# 关闭摄像头、关闭窗口
camera.release()
cv2.destroyAllWindows()
```

动手试一试

编写代码，调用摄像头，将视频显示在名为anti-sheep system的窗口中。

3.人脸检测

上述代码能够获取画面并显示，那么，怎样检测人脸呢？在上述代码的基础上，需要增加人脸特征模型，就像“按图索骥”，让计算机知道应该找什么。

（1）加载人脸特征模型

```
# 加载一个检测人脸的模型
face_cascade = cv2.CascadeClassifier('haarcascade_frontalface_default.xml')
```

OpenCV库已经训练好很多模型，使用它们可以事半功倍。打开摄像头后，使用cv2.CascadeClassifier()函数加载预训练的人脸检测模型，Cascade意为“大量”，Classifier意为“分类器”。括号中的参数要填写的是模型的路径，OpenCV默认的模型路径为cv2.data.haarcascades + 'haarcascade_frontalface_default.xml'。为了方便使用，可以把模型和本程序放在同一个文件夹中，将路径修改为图示路径（详见本课文件）。

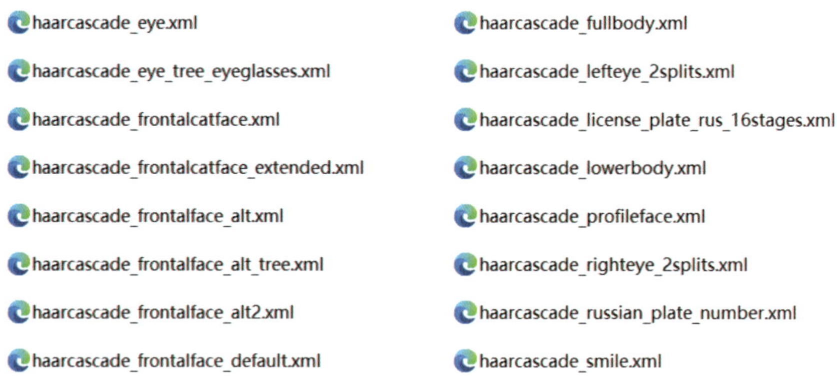

AI加油站

在文件夹中，还有很多相似的文件，它们的作用又是什么呢？你可以向AI助手提问：“在OpenCV中，haarcascade smile.xml文件有什么用？”

（2）将彩色图片转为黑白画面

```
# 将彩色画面转为黑白（灰度）
gray = cv2.cvtColor(frame, cv2.COLOR_BGR2GRAY)
```

cvtColor()函数可以将彩色图片转为黑白图，包含两个参数。frame是已经获取的图片，cv2.COLOR_BGR2GRAY是一个关键的代码。在BGR2GRAY中，BGR是蓝色（Blue）、绿色（Green）、红色（Red）的缩写，代表彩色图片，GRAY是灰色。因此，这句代码意为将这张彩色照片变为黑白图。

为什么要这样做呢？

彩色图

黑白图

请看人物彩色图和黑白图的对比，还是可以一眼就看出左右两侧都是一个人。

彩色图

黑白图

请看球的彩色图和黑白图的对比，黑白图没有视觉干扰，能很容易地分辨出图中是一个球。

因此，颜色对检测人脸并不重要，识别人脸主要靠眼睛、鼻子、嘴巴的形状、位置和明暗对比。相反地，颜色对检测效果还有副作用。一方面，颜色会产生干扰，例如，人脸被红色灯光照射，肤色会偏红，但算法可能误认为这是新特征；另一方面，将图片转为黑白图（灰度图）能够让计算机简化计算、提高效率，并让算法更专注于关键特征（如形状、纹理）。

（3）用模型检测人脸位置

```
# 用模型检测人脸
faces = face_cascade.detectMultiScale(gray, 1.3, 5)
```

这行代码使用了之前加载的人脸检测模型，调用了detectMultiScale()方法，可以理解为用人脸检测模型对图片进行扫描，找到图中的人脸。应该至少需要两个参数：gray是刚刚获得的黑白图像；1.3和5分别代表缩放比例和邻居

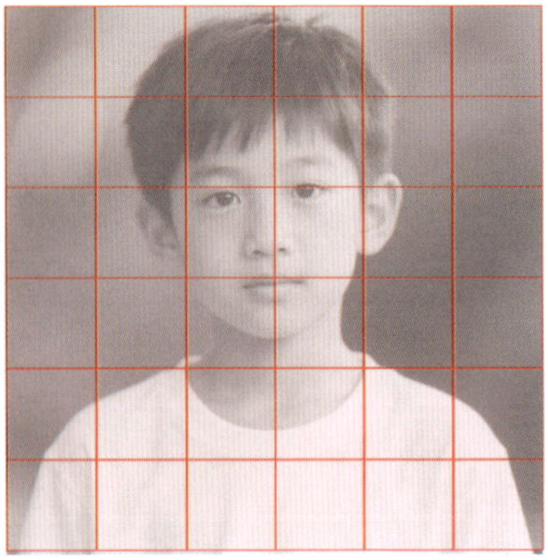

数量，它们会影响识别的效果和速度。

想象你有一个固定大小的“人脸模板”（比如24 x 24像素的框框），用它在图片上滑动去找人脸。如果人脸很大，那么这个框框可能套不住整个人脸，导致识别不到。计算机会用默认大小的框框逐块扫描整张图片，但网格太小，只能覆盖人脸的一小部分（比如眼睛或嘴巴），就像用茶杯装西瓜——杯子太小，装不下整个西瓜！

1.3是缩放因子，简单理解就是每次搜索画面时，缩小画面的比例；计算机把照片缩小到原来的1/1.3（就像把照片拿远一点儿），原来的框框在缩小后的图片中，覆盖的实际区域变大了！这时候，原来很大的人脸在缩小后的图片中会“显得更小”，再用同样的网格扫描，就能被同样大小的框框套住！图中可能不止一个人脸，每次缩小一点，这样就能检测到从小到大不同尺寸的人脸。

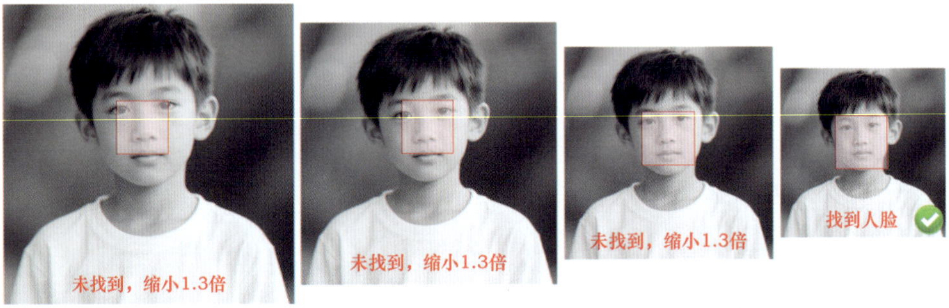

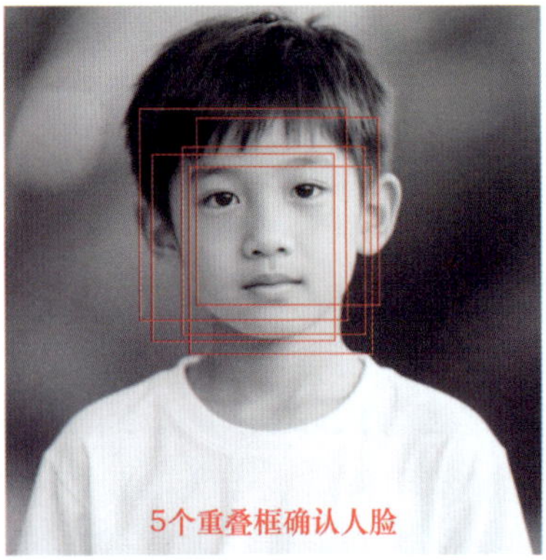

5是邻居数量，可以想象成“投票机制”。即使红色框覆盖住了人脸，计算机还需确保这不是偶然。在检测中，人脸可能会被多个重叠的框框检测到，当某个区域能被5个邻近的框框检测到时，可以确定，这个区域就是人脸。通过这样的多次确定，可以避免误判（就像5个同学都举手说“这是人脸”才通过）。

AI加油站

缩小因子和邻居数量是可以修改的吗？修改后会有什么效果呢？快来问问AI助手吧！你可以提问："face_cascade.detectMultiScale(gray, 1.3, 5)中的缩小因子和邻居数量可以修改吗？"

参数	变化	好处	风险
缩小因子	变大		
	变小		
邻居数量	变大		
	变小		

faces = face_cascade.detectMultiScale(gray, 1.3, 5)这行代码在确定人脸之后，会根据自身的坐标系，把人脸左上角的坐标，以及脸部宽度、高度以列表的形式赋值给faces。

faces是一个多维列表，可以存储单个的脸部信息，也可以存储多人的脸部信息。

faces = [[310, 210, 180, 180]]	faces = [[200, 150, 120, 120], [400, 180, 80, 80]]
男孩的脸部区域： $x = 310, y = 210, w = 180, h = 180$	近处男孩的脸部区域： $x = 200, y = 150, w = 120, h = 120$ 远处男孩的脸部区域： $x = 400, y = 180, w = 80, h = 80$

（4）画出人脸的位置

上一步计算机已经找到了人脸及其位置，并将其存储在faces中，现在要使用这些数据，在图片上把人脸的位置用方框圈出来。

```
# 逐个取出人脸的位置信息
for x,y,w,h in faces:
    # 设置要圈的图片、方框的位置、方框的颜色、方框的粗细
    cv2.rectangle(frame, (x,y), (x+w,y+h), (0,255,0), 2)
```

x, y：人脸矩形框左上角的坐标。

w：矩形框的宽度。

h：矩形框的高度。

在数学中，矩形可由对角线的两个顶点唯一确定。

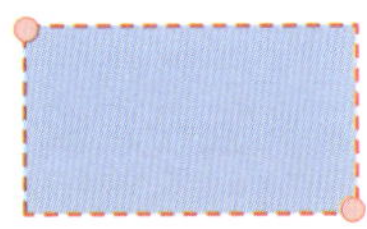

在OpenCV中，cv2.rectangle()也可也通过两个点确定矩形。现在已经有了一个点（x,y），又知道了脸的宽度w和高度h，可以计算出对角点为（$x+w,y+h$）。

在cv2.rectangle()函数中，frame是我们获取的图像，（x, y）和（$x+w, y+h$）是对角点，（0,255,0）代表绿色，2代表要画的方框的粗细。

动脑想一想

为什么（0,255,0）代表绿色？如何表示红色、蓝色或者彩色？快来问问AI助手吧！你可以提问：“如何用RGB颜色来表示红色、蓝色和彩色？”

含人脸检测功能的完整代码如下。

```
import cv2
# 打开摄像头（0代表默认摄像头）
camera = cv2.VideoCapture(0)
# 1.加载一个检测人脸的模型（分类器）
face_cascade = cv2.CascadeClassifier('haarcascade_frontalface_default.xml')
while True:
    # 读取摄像头画面
    ret, frame = camera.read()
    # 2.将彩色画面转为黑白（灰度）
    gray = cv2.cvtColor(frame, cv2.COLOR_BGR2GRAY)
    # 3.用模型检测人脸，获取人脸信息
    faces = face_cascade.detectMultiScale(gray, 1.3, 5)
    # 4.逐个取出人脸位置信息
    for x,y,w,h in faces:
```

```
        # 设置要画的图片、方框的位置、方框的颜色、方框的粗细
        cv2.rectangle(frame, (x,y), (x+w,y+h), (0,255,0), 2)
    # 显示画面
    cv2.imshow('anti-sleep system!', frame)
    # 按q键退出
    if cv2.waitKey(1) == ord('q'):
        break
# 关闭摄像头、关闭窗口
camera.release()
cv2.destroyAllWindows()
```

动手试一试

编写代码，调用摄像头，在视频窗口中检测到人脸，并使用绿色方框圈出人脸。

4.困意检测

困意检测是计算机视觉在安全监控、驾驶辅助等领域的核心应用。怎样判断人是否困了呢?

（1）导入眼睛检测模型

```
# 加载一个检测人眼睛的模型（分类器）
eye_cascade = cv2.CascadeClassifier('haarcascade_eye.xml')
```

就像检测人脸一样，haarcascade_eye.xml是一个预先训练好的“眼睛特征数据库”（就像教计算机认识眼睛的教科书），在加载人脸检测模型后，也要加载这个模型。

（2）截取人脸，检测人眼

想象你和小伙伴玩捉迷藏，那么，在操场上找小伙伴和在教室里找小伙伴，哪个更轻松呢？当然是范围越小越好。所以在检测眼睛时，为了加快速度，我们可以先把图中的人脸部分（绿色框区域）截取下来。

```
# 截取人脸，截取从y行到y+h行，从x行到x+w行
roi_gray = gray[y:y+h, x:x+w]
```

这里用到了切片知识，对这张黑白图片（gray）按照先行后列的规则进行切片，这种方式是OpenCV处理图像数据时提供的特定方式。y:$y+h$表示我们想要从第y行开始，截取h行高的图像部分；而x:$x+w$则表示我们想要从第x列开始，截取w列宽的图像部分。

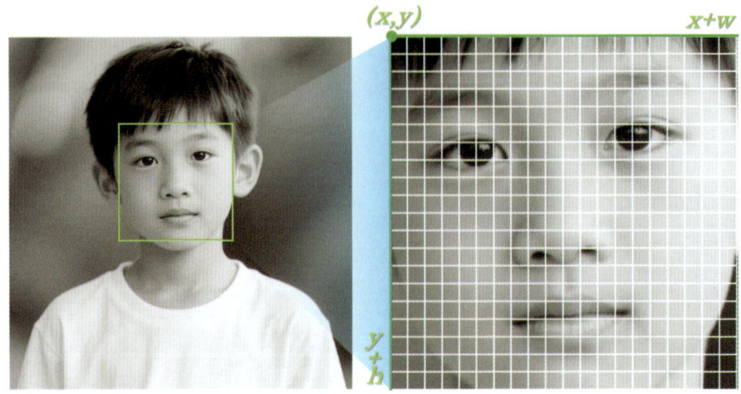

动脑想一想

在使用roi_gray = gray[y:y+h, x:x+w]截图时，为什么要先行后列呢？

接下来就可以使用模型检测截取区域是否有人的眼睛了。

```
#用模型检测截取的区域是否有眼睛
eyes = eye_cascade.detectMultiScale(roi_gray)
```

（3）检测困意，做出提醒

在人脸检测的基础上，需要再检测眼睛的状态，通过持续检测眼睛数量来判断用户是否处于闭眼状态。当驾驶人闭眼时间过长（检测的到人眼数量小于2个），即可认为司机要睡着了，就要发出提示。

首先，在循环中导入Pygame库并初始化，pygame.mixer.Sound("didi.mp3")用于加载声音文件并创建一个Sound对象，参数“didi.mp3”是要加载的声音文件路径（当前路径表示声音文件和程序在同一文件夹）。另外，需要定义一个变量sleep_counter来记录闭眼次数。

```
# 导入Pygame库
import pygame
# 初始化 Pygame 的所有模块
pygame.init()
# 加载声音文件并创建 Sound 对象
sound = pygame.mixer.Sound("didi.mp3")
# 创建变量记录闭眼次数
sleep_counter = 0
```

在循环中，需要判断检测到的眼睛数量是否小于2个。如果小于2个，则进行计数；否则，计数器归零。当计数数量大于10时，触发警报，使用sound.play( )播放提示音。

```python
# 判断眼睛数量
if len(eyes) < 2:
    # 计数
    sleep_counter += 1
    # 判断闭眼数量
    if sleep_counter > 10:
        # 发出提示音
        sound.play()
else:
    sleep_counter = 0  # 重置计数器
```

小禾敲黑板

帧数（Frames Per Second，FPS）是指视频每秒钟播放的画面数量。就像翻页动画书一样，每一页都是一张静止的图片，快速翻动时就会产生动画效果。sleep_counter记录的是连续检测到闭眼（或眼睛数量不足）的帧数，它是一个闭眼持续时间计数器。假设视频为30FPS，10帧≈0.33秒，那么在0.33秒内若检测不到眼睛就会发出警报。

正常眨眼频率：15～20次/分钟，每次约0.1～0.4秒。

疲劳时的变化：眨眼变慢（>0.5秒）、频率降低。

5.知识拓展

（1）在视频上添加文字

```python
# 在视频上添加文字
cv2.putText(frame, "Sleeping!", (x,y-10), cv2.FONT_HERSHEY_SIMPLEX, 1, (0,0,255), 2)
```

参　　数	说　　明
frame	当前视频帧
"Sleeping!"	在图片上显示的文本内容
(*x*, *y*−10)	文本位置，(*x*,*y*)是人脸左上角，当前参数表示文字位于人脸左上角上方10像素处
cv2.FONT_HERSHEY_SIMPLEX	字体类型，最常用的无衬线字体，FONT_HERSHEY_PLAIN表示紧凑字体，FONT_ITALIC表示斜体
1	字体缩放比例，1表示原始大小，1.5=放大50%
(0,0,255)	文本颜色（BGR格式，红色）
2	文本线条粗细

（2）深度学习技术

深度学习让人脸识别变得更为简单高效！现代卷积神经网络（CNN）可以直接分析彩色照片，自动学习人脸的关键特征（如眼睛、鼻子等）。以MTCNN为例，它能同时处理多人脸检测，以适应不同的角度和光照，准确率远超传统算法。使用时只需加载预训练模型，输入RGB图像，即可输出人脸位置框。整个过程类似于人脑识别机制：先捕捉边缘和颜色，再组合成五官特征，最终完成定位或身份判断。这种技术已广泛应用于手机解锁、门禁系统等场景。

（3）语音合成

语言合成（Text-to-Speech）是一种将文字转换为语音的技术。简单来说，就是让计算机“读出”文字内容，像真人一样说话！例如，当你输入“你好”以后，计算机看到“你”和“好”两个字，知道要读作“nǐ hǎo”，它会从声音库找到“nǐ”和“hǎo”的录音，把它们连起来播放，就像真人说话一样。

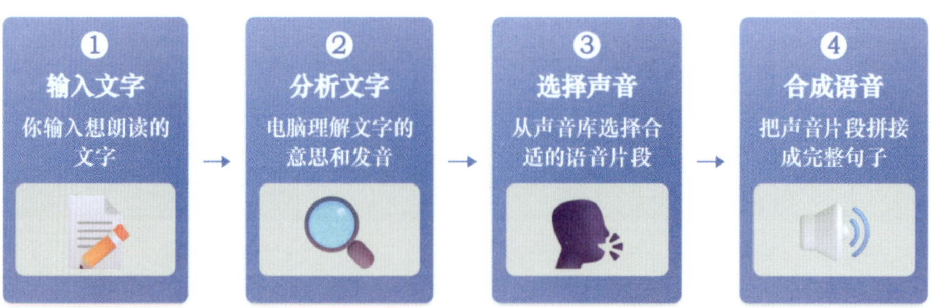

在Python中，我们可以利用一些库（如pyttsx3库），轻松地体验这一技术，并开发有趣的应用！下面的代码展示了如何用4行代码实现语音识别。

```
# 导入 pyttsx3库
import pyttsx3
# 启动语音引擎，就像打开开关
engine = pyttsx3.init()
# 把要说的文字放在括号里，让电脑说出这句话
engine.say("你好，我正在学习编程！")
# 执行程序并等待说完
engine.runAndWait()
```

AI加油站

除了pyttsx3库，还有哪些用于语音识别的库呢？快来询问AI助手吧！你可以问："在Python中，有哪些简单好用的语音识别库？请举例说明。"

动手试一试

为你的防驾驶疲劳程序添加语音合成功能，用语音来提醒司机认真驾驶。

源码秘境

扫码看视频

本作品完整代码如下①。

```
# 导入OpenCV库，这是处理图像和视频的核心工具
import cv2
import pygame

# 初始化音频
pygame.init()
sound = pygame.mixer.Sound("didi.mp3")
# 打开电脑的默认摄像头（0代表第一个摄像头）
camera = cv2.VideoCapture(0)
# 加载一个检测人脸的模型
face_cascade = cv2.CascadeClassifier('haarcascade_frontalface_default.xml')
# 加载一个检测眼睛的模型
eye_cascade = cv2.CascadeClassifier('haarcascade_eye.xml')
sleep_counter = 0  # 记录闭眼次数
while True:
    # 读取摄像头画面
    ret, frame = camera.read()
    # 将彩色画面转为黑白（灰度）
    gray = cv2.cvtColor(frame, cv2.COLOR_BGR2GRAY)
    # 用模型检测人脸，获取人脸信息
    faces = face_cascade.detectMultiScale(gray, 1.3, 5)
    # 逐个取出人脸信息
    for x,y,w,h in faces:
        # 设置要圈的图片、方框的位置、方框的颜色、方框的粗细
```

① 在实际部署使用时，可删除视频窗口等代码。

```python
        cv2.rectangle(frame, (x,y), (x+w,y+h), (0,255,0), 2)
        # 截取人脸，截取从y行到y+h行，从x行到x+w行
        roi_gray = gray[y:y+h, x:x+w]
        # 在截取区域，用模型检测人眼
        eyes = eye_cascade.detectMultiScale(roi_gray)
        #  如果检测到眼睛少于2个则计数
        if len(eyes) < 2:
            sleep_counter += 1
            # 连续10帧检测不到眼睛则触发警报
            if sleep_counter > 10:
                sound.play()
        else:
            sleep_counter = 0  # 重置计数器
    # 显示画面
    cv2.imshow('anti-sleep system!', frame)
    # 按q键退出
    if cv2.waitKey(1) == ord('q'):
        break
# 关闭摄像头
camera.release()
# 关闭所有显示窗口
cv2.destroyAllWindows()
```

试炼工坊

1.【单选题】为什么先检测人脸，再在人脸截图中检测眼睛？（　）

A.因为眼睛检测模型只能处理黑白图像

B.减少计算量，避免在全图中搜索眼睛

C.摄像头不支持直接检测眼睛

D. OpenCV强制要求先检测人脸

2.【单选题】在代码中，cv2.CascadeClassifier('haarcascade_frontalface_default.xml')的作用是（　）。

A.播放警报声音

B.加载人脸检测模型

C.转换图像为灰度

D.初始化摄像头

3.【单选题】代码中的gray = cv2.cvtColor(frame, cv2.COLOR_BGR2GRAY)的作用是（　）。

A.将图像从彩色转为灰度

B.检测人脸位置

C.播放声音警报

D.调整摄像头分辨率

4.【判断题】face_cascade.detectMultiScale(gray, 1.3, 5)中的1.3表示检测的帧率。（　　）

5.【判断题】cv2.rectangle(frame, (*x*, *y*), (*x*+*w*, *y*+*h*), (0,0,255), 2)会在检测到的人脸上画一个红色方框。（　　）

码上行动

参考“源码秘境”完成“智驾防疲劳系统”程序设计，并添加“困意记录”功能：记录每次瞌睡时间，用CSV表格保存每次疲劳的时间。

扫码看视频

AI加油站

任务完成了吗？让AI助手来检查一下吧！你可以粘贴代码并提出要求：“我为代码添加了困意记录功能，用CSV表格来保存每次疲劳的时间，下面我的代码是否完成了这个功能？请你分析代码是否存在问题，从简洁性、规范性、可读性等方面评价我的代码质量，并给出改进建议。”

创意工坊

1.创意大师

人脸检测技术不仅能用于防疲劳，还能拓展许多有趣的应用场景！例如，智能拍照助手检测到所有人睁眼后自动按下快门，访客登记系统检测到人脸后发出欢迎的语音并自动拍照记录访客。下面是检测猫咪并模拟自动投喂猫咪的作品。

```python
import cv2
# 初始化
camera = cv2.VideoCapture(0)
# 猫脸检测模型
cat_cascade = cv2.CascadeClassifier('haarcascade_frontalcatface.xml')
while True:
    ret, frame = camera.read()
    gray = cv2.cvtColor(frame, cv2.COLOR_BGR2GRAY)
    cats = cat_cascade.detectMultiScale(gray, 1.1, 3)
    if len(cats) > 0:  # 检测到猫脸
        print("投喂猫咪")
    cv2.imshow('Pet Feeder', frame)
    if cv2.waitKey(1) == 27: break  # ESC退出
# 关闭
camera.release()
cv2.destroyAllWindows()
```

2. AI互动

向AI提问，解锁更多可能。

“如何用这个程序统计每小时的闭眼次数？需要添加哪些变量？”

“想增加打哈欠检测功能，应该修改哪部分代码？请用伪代码说明。”

“请推荐比Haar级联更精准的现代人脸检测模型，并给出示例代码。”

3.灵感笔记

我想用OpenCV做______________________________

遇到的困难是______________________________

需要AI帮我解决______________________________

编程超能力

恭喜你完成人脸识别相关知识的学习，快把新学的代码用法、好玩的项目创意、容易出错的地方记下来吧！也可以画思维导图梳理思路，帮知识牢牢“住”进大脑，以后编程就更厉害啦！

AI加油站

想让你的作品发挥更大的价值吗？与AI助手探讨一下吧。你可以将代码提交给它并说：“我想让这个作品能真正放在车上使用，应该怎么做？应该用什么设备运行代码？”

5.3 智能芒果分拣器设计——机器学习

任务中心

芒果作为广受欢迎的热带水果，富含维生素A、C和膳食纤维。随着电商物流的发展，消费者可以轻松购买到各地芒果。但不同运输距离对芒果成熟度有严格要求：

偏远地区：需配送7成熟芒果（耐储存）

邻近地区：可配送全熟芒果（口感最佳）

传统人工分拣效率低且容易出错，能不能使用AI技术来辅助这个工作呢？现在我们可以做一个能够使用摄像头来辅助芒果分拣的模拟器——它可以实时检测摄像头画面中的芒果，判断成熟度（成熟/半熟），记录芒果数量。一起来探索实际生产生活中AI的妙用吧。

任务解码站

1. 了解机器学习的原理。
2. 能够训练机器学习模型。
3. 掌握使用机器学习模型的方法。
4. 了解ONNX Runtime库和NumPy库。

单词剧场

ripe	mango	inference	detect
/raɪp/	/ˈmæŋɡoʊ/	/ˈɪnfərəns/	/dɪˈtekt/
成熟的	芒果	推理	识别

代码探秘

你有没有想过，为什么手机拍照可以提取图片中的文字？为什么手机能认出你拍的照片里有小狗？为什么拍照就可以识别花草？这些神奇的功能都离不开“机器学习”技术！它就像是给计算机装上了“聪明大脑”，让机器学会从数据中找规律，解决各种各样的问题。

什么是机器学习？

小时候你是怎样认识苹果和香蕉的？妈妈拿出红彤彤的苹果，告诉我们：“这个圆圆的、摸起来硬硬的，咬一口又脆又甜的，就是苹果。”接着，又拿出黄澄澄的香蕉说：“这个弯弯的，表皮软软的，剥开后吃起来甜甜的，就是香蕉。”慢慢地，你就记住了它们的特征，下次在水果摊看到它们时，不用别人提醒，我们一眼就能喊出来：“看！那里有苹果和香蕉！” 这就是我们认识新事物的学习过程：通过不断观察、记住特点，最后做出判断。

把“机器”想象成一个小孩子，现在你需要让它认识苹果和香蕉，你需要告诉它，哪些是苹果，哪些是香蕉，把大量的数据（例如图片）“教”给计算机。

计算机里有一种神奇的“学习工具”，叫作算法。它会像我们分析苹果和香蕉的特点那样，仔细研究这些数据。算法发现苹果的图片大多是红色或绿色的圆形，香蕉的图片则是黄色的弯弯的形状。经过反复“学习”，计算机就记住了苹果和香蕉的特征，形成了一个“机器学习模型”，这就相当于计算机的“水果识别手册”。当我们给计算机一张新的水果照片时，它就会翻开自己的“手册”，对比照片里水果的颜色、形状等信息。如果发现照片里的水果是圆圆的、红红的，它就会快速判断：“这是苹果！”

要让计算机学会识别芒果，我们就给它看成千上万张成熟芒果和半熟芒果的照片，告诉它这些照片里哪些是成熟芒果，哪些是半熟芒果。这些照片和对应的“标签”（成熟或半熟）就是计算机的“学习资料”。

所以机器学习就是让机器通过分析大量数据，掌握事物的特征，并据此对新的数据进行预测、分类或决策等操作。

AI加油站

试着向AI小助理提问：“机器学习技术有什么用？在生活中有哪些应用？”

1.训练芒果分类模型

在我们的芒果分拣程序里，训练模型的目的就是让机器像我们一样，能够清楚地认识不同成熟程度的芒果，准确判断出是成熟芒果还是半熟芒果。

平常在机器学习中训练模型的方法有些复杂，需要用到很多高深的数学知识和复杂的代码。我们得收集大量各种各样的芒果图片，给每张图片仔细标注上是成熟还是半熟，然后再用专门的算法让计算机从这些图片里 “找规律”。这个过程就像让计算机自己 “研究” 芒果的颜色、形状、纹理这些特点，找到区分成熟和半熟芒果的方法。

现在有了一些可视化的模型训练平台，让我们只需要专注收集数据即可。上海人工智能实验室的openinnolab浦育平台是一个专注于人工智能教育的平台，致力于为青少年和教师提供丰富的人工智能学习资源和工具[①]。登录该平台，进入AI体验—图片分类功能，训练识别熟芒果和半熟芒果的模型。

在该工具中，你可以使用摄像头拍摄图像样本，也可以点击上传图片。默认有两个分类，如果有需要还可添加多个分类。

① openinnolab浦育平台属于上海人工智能实验室，与本作品无合作关系。

将两个分类的标签分别改为“成熟芒果”“半熟芒果”，通过拍照或者上传图片采集数据。随后点击“开始训练”即可训练模型。

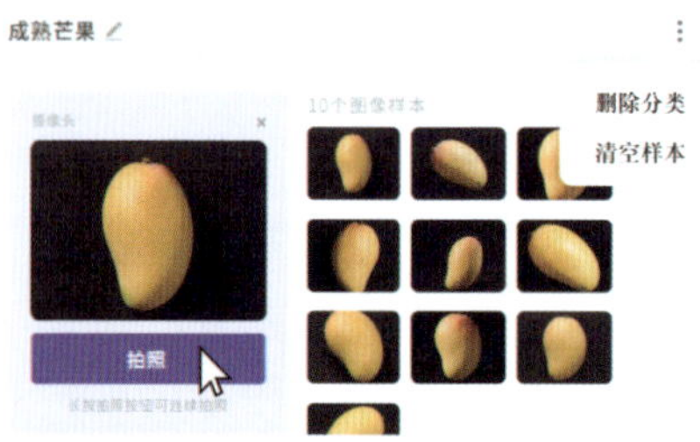

拍照采集数据

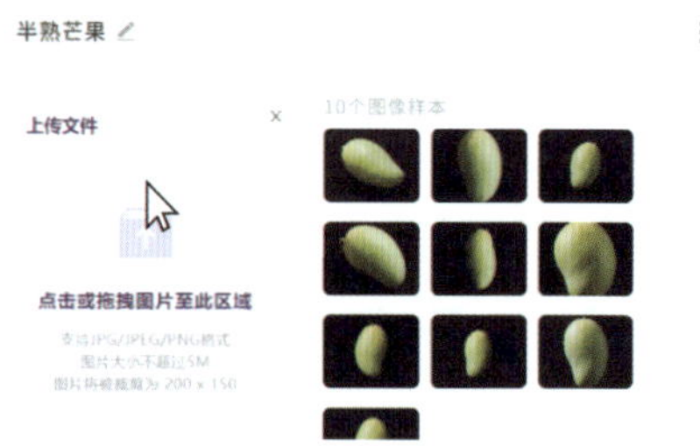

上传图片

小禾敲黑板

在采集数据时，应保持主体突出，尽量减少杂物。

训练完成后，在最右侧可以通过摄像头或上传图片验证模型效果。模型会告诉你识别结果，例如成熟芒果 1%，半熟芒果 99%，即该物品有99%的概率是半熟芒果（99%也称为置信度）。

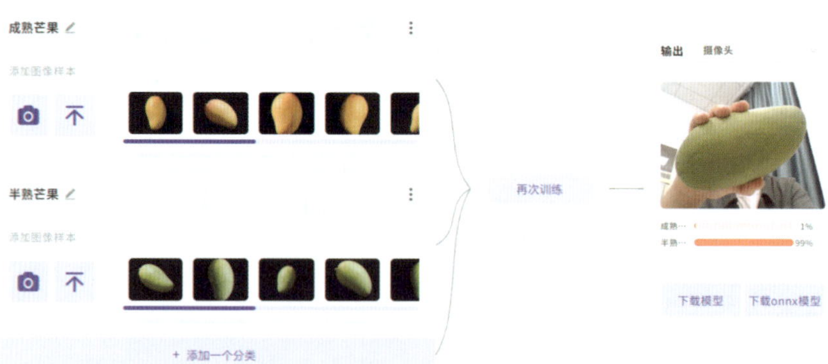

验证模型可用后下载onnx模型，该模型将在芒果分拣系统中使用。

Bug研究所

模型训练好，拿青椒测试却出现误判，将青椒识别为半熟芒果。

这一现象源于模型的“认知局限”——训练阶段，模型仅学习到半熟芒果（如青黄色泽、长条形态等）的表层视觉特征，缺乏对芒果专属特征（如果皮纹理、果柄形态等芒果独有的细节）的学习。模型也没学过怎么区分“芒果”和“非芒果”，从而产生误判。这并非程序漏洞（bug），而是模型训练算法学习能力不足，模型训练数据覆盖不足，特征学习深度有限导致的识别偏差。

不过别担心，这种对青椒的误判，一般不会直接影响它对成熟芒果和半熟芒果本身的判断。

动手试一试

根据本课提供的图片或者自己通过摄像头采集图片，训练一个能够分辨成熟芒果和半熟芒果的模型。如果模型效果不理想，可以尝试增加数据量、增加多个角度的图片、增加多个环境下的图片等方法来解决。

2.库准备

ONNX Runtime 是一个高性能推理引擎，用于执行 ONNX格式的机器学习模型，它在电脑、手机、网页上都能运行，能让AI模型计算速度提高1～5倍，而且整个工具只有10MB左右，比很多手机游戏都小。（该库在海龟编辑器上无法获取，故本作品不使用海龟编辑器，需要手动通过命令行安装，库安装以及使用Python的IDLE编程请查看附录E、F。）

NumPy是Python中最基础、最重要的科学计算库，就像数学家的“超级计算器”。它专门用来处理数组和矩阵运算，比Python自带的列表(list)快50倍以上！计算机看到的图像不是“图片”，而是由像素组成的数字矩阵，NumPy让图像处理从“手工剪纸”变成“工业流水线”——更快、更简单、更专业。

```
pip install onnxruntime opencv-python numpy
```

在命令行中使用上述命令一次性安装onnxruntime库、opencv库、numpy库。

创建新的python文件，编写如下代码并运行，当结果能够正常显示你所安装的三个库的版本，说明你的python环境已经准备好运行AI推理（ONNX Runtime）、图像处理（OpenCV）和数值计算（NumPy）了！

```
import onnxruntime as ort
import cv2
import numpy as np

print("ONNX Runtime:", ort.__version__)
print("OpenCV:", cv2.__version__)
print("NumPy:", np.__version__)
```

程序运行结果如下（版本仅供参考）：

ONNX Runtime: 1.21.1

OpenCV: 4.11.0

NumPy: 2.1.1

3.用OpenCV打开摄像头

```
import cv2

camera = cv2.VideoCapture(0)
print("开始分拣芒果（按Q键退出）")
while True:
    ret, frame = camera.read()
    cv2.imshow('Mango Sorting System',frame)
    if cv2.waitKey(1) == ord('q'):
        break
camera.release()
cv2.destroyAllWindows()
```

4.加载模型，检测芒果

（1）导入所需库

```
import numpy as np
import onnxruntime as ort
```

（2）加载模型

```
# 加载已经训练好的AI模型
model = ort.InferenceSession('model.onnx')
# 获取模型输入名称
input_name = model.get_inputs()[0].name
```

ort调用了InferenceSession方法加载模型并赋值给model，参数是我们训练的模型的路径（可以将模型放在和当前程序同一文件夹，将路径修改为上述图示路径）。

与前面所学OpenCV的模型不同，这里需要找到模型的入口。model调用get_inputs方法获取模型的输入信息，理解成“查看AI模型的输入说明书”，它返回一个列表，会告诉你这个模型需要什么样的数据才能工作（就像电动汽车有快充和慢充两个充电口），“[0]”代表的是列表中的第一个输入端口，这个端口有name、shape、type三块信息。想让模型为我们工作，就需要知道模型需要什么。这里我们获取模型入口的名字，这样我们就知道数据应该往哪里送。

信息项	值	简易理解
name	‘sequential_1_input’	模型入口的名字
shape	‘tensor(float)’	模型输入的数据类型（浮点数）
type	[‘unk__193601’, 224, 224, 3]	模型输入数据的维度结构。‘unk__193601’表示：可以接受任意批次的输入（如1张或100张图片） 224, 224表示：图像高度和宽度 3表示：RGB格式图片

为了满足模型对于输入数据的要求，我们需要对摄像头获取的画面进行处理，主要包括调整尺寸、转换格式、归一化以及增加维度信息。

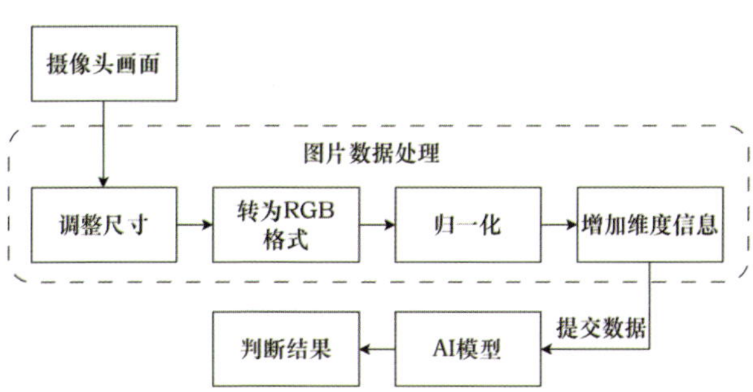

（3）调整图片大小

```
# 调整图片大小
smallimg = cv2.resize(frame, (224, 224))
```

在用摄像头获取画面后，需要使用OpenCV的resize( )函数将图像 frame 调整到224x224像素的大小，并将结果保存到变量 smallimg 中。刚刚我们查看模型入口时了解到ONNX 模型输入的图片要求高度为224，宽度为224。不同摄像头拍摄的画面尺寸可能不同，但模型需要固定尺寸输入，所以统一缩放为标准尺寸，另外，小尺寸图像能加快模型处理速度。

（4）颜色格式转换

```
# 将BGR颜色格式转换为RGB颜色格式
rgbimg = cv2.cvtColor(smallimg, cv2.COLOR_BGR2RGB)
```

一张图片由红绿蓝三原色构成，因为摄像头捕获的图片一般是BGR格式，但AI 模型训练时使用的是RGB 格式，如果直接输入BGR，模型会识别出错误的颜色，所以需要进行颜色转换。这行代码将图像从BGR 颜色格式（蓝-绿-红）转换为RGB 格式（红-绿-蓝），转换后的图像保存在 rgbimg 变量中。

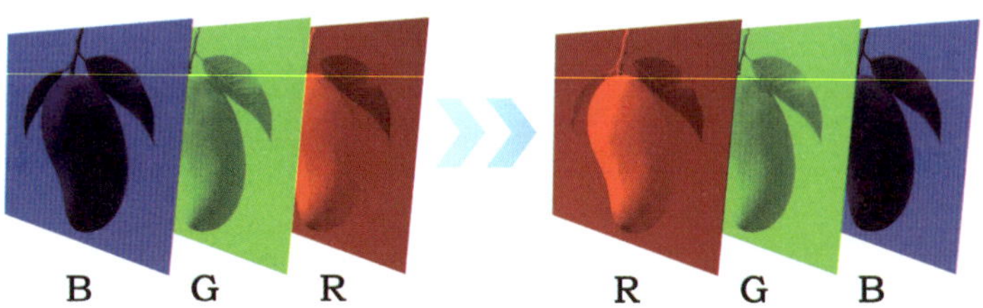

（5）归一化

```
# 归一化（将整数转为浮点数并缩放数值）
img = rgbimg.astype(np.float32) / 255.0
```

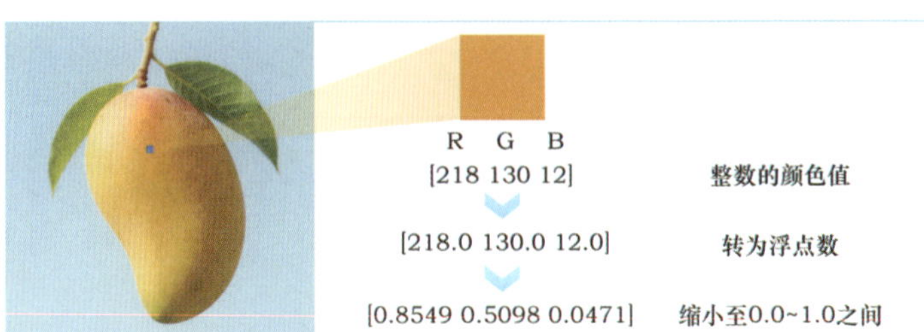

在计算机眼里，图片是一组整数，例如[218，130，12]表示图片一个像素的颜色。但因为模型需要输入的是浮点数，这行代码进行了两部分操作。

一是使用NumPy库的专属方法astype,参数np.float32是转换目标，将图片数据转换为浮点数。NumPy就像Python的“数学外挂”，就像你可以用小刀砍树，但NumPy就像电锯，能让砍树的速度提升百倍。

二是做了除法，将转换的结果除以255.0。为什么呢？这就像做玉米汁，破壁机只能处理玉米粒，如果要放入一整个玉米，它就会卡住甚至瘫痪。AI模型就像“破壁机”，只能处理0～1之间的数字，直接投入0～255的“大数字”，它就处理不了。图片每个颜色的数值都是0～255，转换为浮点数后范围是0.0～255.0，除以255.0之后，颜色范围变成了0.0～1.0。图片将以这样的形式进入到模型中。

人看到的

```
[ [ [255 250 255] …… [180 176 179] ]
    [255 250 255] …… [181 177 175]
    [255 250 255] …… [180 176 175]
       ……         ……      ……
    [57  65  59]  …… [69  72  65]
    [57  64  56]  …… [67  73  63]
  [ [58  64  54]  …… [64  78  65] ] ]
```

计算机看到的（整数）

```
[ [        [1.          0.98039216  1.        ]  ……  [0.70588235  0.68627451  0.70196078]  ]
           [1.          0.98039216  1.        ]  ……  [0.70980392  0.69411765  0.68627451]
           [1.          0.98039216  1.        ]  ……  [0.70588235  0.68627451  0.68627451]
                        ……                       ……              ……
   [0.22352941  0.25490196  0.23137255]  ……  [0.27058824  0.28235294  0.25490196]
   [0.22352941  0.25098039  0.21960784]  ……  [0.2627451   0.28627451  0.24705882]
 [ [0.22745098  0.25098039  0.21176471]  ……  [0.25098039  0.30588235  0.25490196]  ] ]
```

转换为模型需要的（0～1之间的浮点数）

AI加油站

代码没看懂？让AI助理来帮你！将代码粘贴给它并提问：“什么是归一化？这段代码完成了什么功能？请你详细解释这段代码的逻辑、功能以及关联的知识点。”

（6）添加批次维度

```
# 添加批次维度（将数据优化为标准格式）
inputimg = np.expand_dims(img, axis=0)
```

这句代码使用了NumPy库的expand_dims方法，该方法相当于一个“快递员”，它将为你要发送的数据添加一个“快递纸箱”。img是图片数据，axis = 0意味着纸箱套在数据最外层（第0层）。

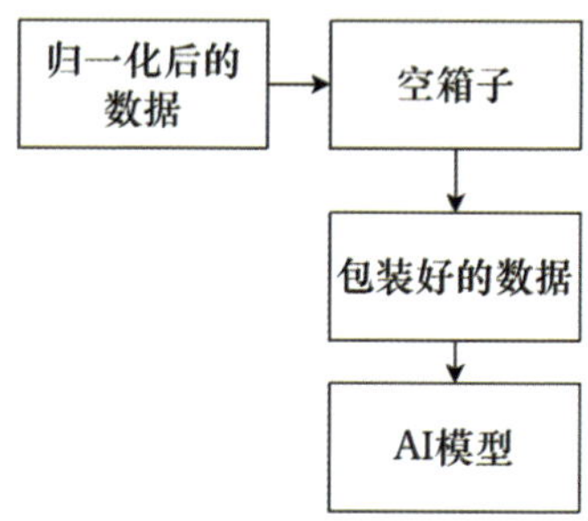

小禾敲黑板

教你句口诀：

“图像处理三件套，BGR 转 RGB 要趁早。

缩到二二四正正好，除以二五五别忘了。

批次维度要记牢，axis=0 不能少。

AI 见了哈哈笑，检测结果呱呱叫！”

（7）模型推理

```
# 模型推理
results = model.run(None, {inputname: inputimg})[0][0]
```

model.run（）表示运行模型，里面有两个参数。

None表示不需要额外输出观察；{inputname: inputimg}是字典键值对，inputname是我们已经获取的模型入口的名字，inputimg是我们要提交的数据，像快递单上写的“收货人：包裹”。

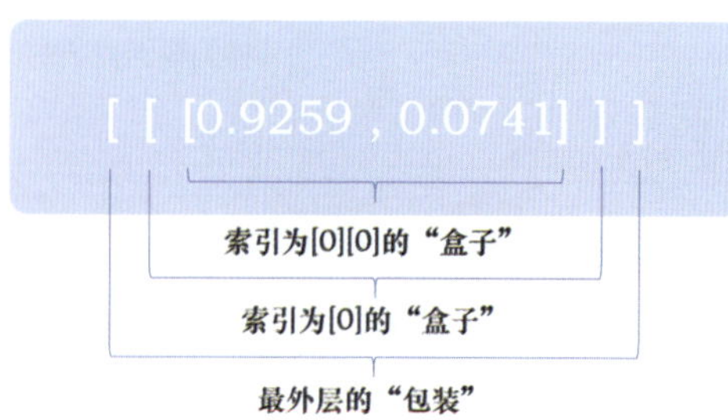

我们提交给模型一张图，它给我们的是一些包装好的数据，可以

简单理解为有三层包装的数据，使用索引[0][0]可以获取最内层的“盒子”，里面的两个浮点数就是模型识别这张图片为成熟芒果或半熟芒果的结果。

我们只提交了一张图片，所以最内层只有一个“盒子”。

（8）显示结果

```
# 分别获取成熟芒果和半熟芒果的概率
ripe,half_ripe  = results
```

results是AI模型输出的预测结果，通常是一个包含两个概率值的数组，这行代码使用“解包赋值”的方式：

第一个值(成熟芒果概率)赋给变量ripe

第二个值(半熟芒果概率)赋给变量half_ripe

例如：如果results = [0.9259 , 0.0741]，那么ripe=0.9259，half_ripe=0.0741

```
# 将概率保留整数转换为百分比
odds = f"Ripe: {ripe:.0%} , Half-Ripe: {half_ripe:.0%}"
```

为了能使它们在视频上以百分比的形式显示，需要对它们进行格式化。变量odds创建了一个字符串，使用f-string格式化字符串。

{ripe}和{half_ripe}是模型输出的概率值，“:”表示开始格式规范，“.0”表示保留0位小数（四舍五入到整数），“%”是百分比格式化符号，会自动将数值×100，添加百分号%。最终将会生成这样的字符串：“Ripe: 93% , Half-Ripe: 7%”。

```
# 将概率显示在视频上
cv2.putText(frame, odds, (20, 40), cv2.FONT_HERSHEY_SIMPLEX, 1, (0, 0, 255), 2)
```

使用OpenCV的文本绘制函数，将格式化的文本内容显示在坐标(20，40)的位置。对于cv2.FONT_HERSHEY_SIMPLEX这个比较长的参数可以设置一个变量font，以便重复使用。

本小节完整代码如下：

```
import cv2
import numpy as np
import onnxruntime as ort

# 加载已经训练好的AI模型
model = ort.InferenceSession('model.onnx')
# 获取模型输入名称
```

```python
inputname = model.get_inputs()[0].name
camera = cv2.VideoCapture(0)
# 设置字体
font = cv2.FONT_HERSHEY_SIMPLEX
print("开始分拣芒果（按Q键退出）...")
while True:
    ret, frame = camera.read()
    # 图像预处理
    smallimg = cv2.resize(frame, (224, 224))  # 调整图像大小
    rgbimg = cv2.cvtColor(smallimg, cv2.COLOR_BGR2RGB)  # 颜色转换
    img = rgbimg.astype(np.float32) / 255.0  # 归一化
    # 添加批次维度
    inputimg = np.expand_dims(img, axis = 0)
    # 模型推理
    results = model.run(None, {inputname: inputimg})[0][0]
    ripe, half_ripe = results # 获取概率
    # 在视频上显示结果
    odds = f"Ripe: {ripe*100:.0f}% ,Half-Ripe: {half_ripe*100:.0f}%"
    cv2.putText(frame, odds, (20, 40), font, 1, (0, 0, 255), 2)
    cv2.imshow('Mango Sorting System', frame)
    # 退出
    if cv2.waitKey(1) == ord('q'):
        break
camera.release()
cv2.destroyAllWindows()
```

5.芒果分类统计

（1）芒果分类计数

现在该程序已经能检测成熟芒果和半熟芒果了，在此基础上可以进行计数统计，记录该程序完成了多少个芒果的分类。

```python
# 准备计数器
Xripe = 0           # 成熟芒果计数
Xhalf_ripe = 0      # 半熟芒果计数
```

首先在循环体外设置两个变量Xripe和Xhalf_ripe，分别来记录成熟芒果和半熟芒果的数量。

```python
# 计数逻辑
if ripe > half_ripe:
    Xripe += 1
else:
    Xhalf_ripe += 1
```

接着在获取ripe(成熟芒果概率)和half_ripe(半熟芒果概率)后进行比较，如果ripe大于half_ripe就说明视频中是成熟芒果，它的数量增加1，否则半熟芒果数量增加1。

```
#  显示数量
num = f"Ripe:{Xripe} ,Half-Ripe:{Xhalf_ripe}"
cv2.putText(frame, num, (20, 80), font, 1, (0, 255, 0), 2)
```

最后创建一个字符串赋值给变量num，并把它显示在视频坐标（20，80）处。检测结束后输出检测结果。

```
# 检测结束后输出检测结果
print("检测结果")
print(f"成熟芒果: {Xripe}个")
print(f"半熟芒果: {Xhalf_ripe}个")
```

动脑想一想

这样的数量统计会出现什么问题？

序号	检测时的情况	出现的问题
1	受检测的物体（芒果）放在视频窗口不拿走	
2	用与芒果相似的物品（橘子、水杯、青苹果等）等进行检测	

（2）计数优化

对于分类计数问题，首先要明确计数的规则：同一物品（芒果）只被检测一次，且只有当识别概率（置信度）较高时，才能认为是成熟芒果或者半熟芒果。

```
# 记录上次是否看到芒果
last_mango = False
```

设置变量last_mango用于记录上一张画面中有没有芒果，默认为False。

```
# 判断当前画面有无芒果
has_mango = ripe > 0.95 or half_ripe > 0.95
```

设置变量has_mango用于记录当前画面中有没有芒果。变量 = 条件1 or 条件2。

这种语法是Python中的布尔表达式，具体属于逻辑比较运算的语法格式。当 ripe（成熟概率）> 0.95 或者 half_ripe（半熟概率）> 0.95时，表达式返回 True，表示“当前检测到有效芒果”，否则返回False。实际应用中置信度过低（如80%）会增加误检率，过高（如99%）可能导致漏检。

小禾敲黑板

0.95即95%，实际应用中通常选择90%～95%的置信区间，过低（如80%）会增加误检率，过高（如99%）可能导致漏检。

为了避免“一个芒果在摄像头前停留3秒，可能被错误计数几十次”以及“概率50%～90%的模糊判断也被计入统计”，需要修改计数逻辑，只有当前画面有芒果（has_mango = True)时且上一帧画面无芒果（last_mango = False）时再进行计数，并且及时更新last_mango的状态，逻辑如下：

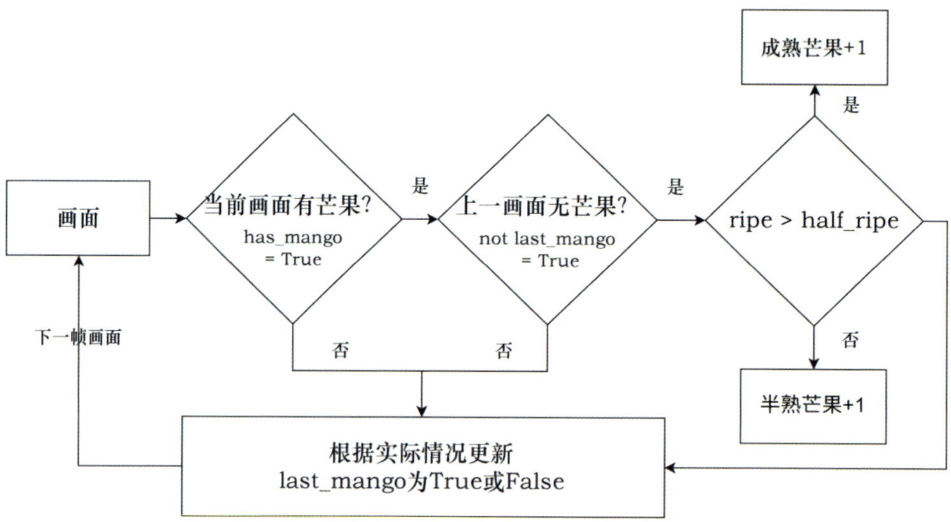


```
# 如果当前画面有芒果且不是上一个（画面的）芒果
if has_mango and not last_mango:
    if ripe > half_ripe:
        Xripe += 1
    else:
        Xhalf_ripe += 1
# 更新画面状态
last_mango = has_mango
```

AI加油站

通过检测芒果状态来计数是否一定可靠呢？你可以将代码提交给AI小助手并提问："下面是我完成的代码，请你分析代码的问题，告诉我除了通过检测芒果状态来计数之外，还有哪些方法，请给出迭代建议。"

源码秘境

扫码看视频

本作品完整代码如下①：

```python
import cv2
import numpy as np
import onnxruntime as ort

# 加载已经训练好的AI模型
model = ort.InferenceSession('model.onnx')
# 获取模型输入名称
inputname = model.get_inputs()[0].name
camera = cv2.VideoCapture(0)
# 设置字体
font = cv2.FONT_HERSHEY_SIMPLEX
# 计数器
Xripe = 0            # 成熟芒果计数
Xhalf_ripe = 0       # 半熟芒果计数
last_mango = False # 记录上次是否看到芒果
print("开始分拣芒果（按Q键退出）...")
while True:
    ret, frame = camera.read()
    # 图像预处理
    smallimg = cv2.resize(frame, (224, 224))  # 调整图像大小
    rgbimg = cv2.cvtColor(smallimg, cv2.COLOR_BGR2RGB)  # 颜色转换
    img = rgbimg.astype(np.float32) / 255.0  # 归一化
    # 添加批次维度
    inputimg = np.expand_dims(img, axis = 0)
    # 模型推理
    results = model.run(None, {inputname: inputimg})[0][0]
    ripe,half_ripe = results  # 获取概率
    # 当前画面有无芒果
    has_mango = ripe > 0.95 or half_ripe > 0.95
    #  计数
    if has_mango and not last_mango:
        if ripe > half_ripe:
            Xripe += 1
        else:
            Xhalf_ripe += 1
    last_mango = has_mango  # 更新状态
    # 在视频上显示结果
    odds = f"Ripe: {ripe*100:.0f}% ,Half-Ripe: {half_ripe*100:.0f}%"
    num = f"Ripe: {Xripe} ,Half-Ripe: {Xhalf_ripe}"
    cv2.putText(frame, odds, (20, 40), font, 1, (0, 0, 255), 2)
    cv2.putText(frame, num, (20, 80), font, 1, (0, 255, 0), 2)
    cv2.imshow('Mango Sorting System', frame)
    # 退出
    if cv2.waitKey(1) == ord('q'):
        break
print("检测结果")
print(f"成熟芒果：{Xripe}个")
print(f"半熟芒果：{Xhalf_ripe}个")
camera.release()
cv2.destroyAllWindows()
```

① 在实际部署使用时，可删除视频窗口等代码。

试炼工坊

1.【单选题】机器学习中，计算机是通过什么来学习识别物体的？（　）

A.背诵教科书　　B.分析大量数据并找出规律

C.直接复制人类大脑　　D.随机猜测答案

2.【单选题】除了分拣芒果，机器学习还可以完成哪些常见任务？（　）

A.预测明天天气　　B.识别照片中的花朵种类

C.推荐你喜欢的短视频　　D.以上都是

3.【单选题】在本作品中，last_mango 变量的作用是？（　）

A.记录上一帧是否检测到芒果　　B.存储芒果总数量

C.控制摄像头焦距　　D.计算芒果甜度

4.【判断题】训练数据越多，模型通常效果越好。（　）

5.【判断题】在使用机器学习模型进行推理时，一般要对输入的图像进行缩放、颜色转换、归一化处理。（　）

码上行动

在实际生活中，芒果并非只有成熟和半熟之分，你一定见过长了黑斑的“过熟”芒果。请你收集该类芒果数据，训练新的模型。参考源码秘境更新“芒果智能分拣系统”程序。

扫码看视频

AI加油站

想做一个更精准的模型？试着让AI助理给你些建议，你可以提问：“现在想要为识别芒果的机器学习模型中补充训练一个识别带有黑斑的芒果，如果让你给模型补充训练图片，你会拍哪些角度的芒果？为什么？”

创意工坊

1.创意大师

机器学习结合摄像头技术，不仅能识别人脸，还能在农业、公共安全、生态保护等领域发挥重要作用！例如，在智能农业中通过摄像头扫描农田，AI自动区分作物和杂草，并标记杂草位置，联动除草机器人进行激光除草。在商场、地铁等公共场所，摄像头自动检测行人是否佩戴口罩，系统可语音提示。在公园进行野生动物监测，自动识别摄像头拍到的动物（如松鼠、鸟类、野兔），统计动物出没频率，帮助科学家研究栖息地变化。这些应用都基于计算机视觉（CV）+ 机器学习。下面是一个简易的野生动物监测程序：

```python
import cv2
import numpy as np
import onnxruntime as ort
from datetime import datetime

model = ort.InferenceSession("model.onnx")
input_name = model.get_inputs()[0].name
# 定义动物类别（需与训练时一致）
animal_classes = ['松鼠', '鸟', '兔子']
camera = cv2.VideoCapture(0)
while True:
    ret, frame = camera.read()
    resized = cv2.resize(frame, (224, 224))
    rgbimg = cv2.cvtColor(resized, cv2.COLOR_BGR2RGB)
    img = rgbimg.astype(np.float32) / 255.0  # 归一化
    input_img =np.expand_dims(img, axis=0)  # 添加批次维度
    # 模型推理
    outputs = model.run(None, {input_name: input_img})
    # 解析输出
    pred = np.argmax(outputs[0]) # 找到概率最大的类别(下标)
    conf = np.max(outputs[0]) # 获取预测结果的置信度(最大概率值)
    # 当置信度超过80%时记录结果到文本
    if conf > 0.8:
        with open("detections.txt", "a") as f:
            # 写入格式：时间, 动物类别, 置信度
            f.write(f"{datetime.now()}, {animal_classes[pred]}, {conf}\n")
    if cv2.waitKey(1) == ord('q'):
        break
camera.release()
```

2.AI互动

向AI提问，解锁更多可能：

“假如要把这个程序应用到实际的芒果分拣中，还需要哪些设备？”

“机器学习中的图像识别模型还有哪些？还有哪些技术方案能够实现芒果分拣？”

“我想做一个识别人是否戴口罩的检测程序，请你帮我规划如何实现这个程序。”

3.灵感笔记

我想用机器学习技术做________________________________

遇到的困难是____________________________________

需要 AI 帮我解决__________________________________

编程超能力

恭喜你完成机器学习相关知识学习，快把新学的代码用法、好玩的项目创意、容易出错的地方记下来！也可以画思维导图梳理思路，帮知识牢牢“住”进大脑，以后编程就能更厉害啦！

AI加油站

编程学累了？来闲聊一会吧！你可以把想聊的内容发给AI助理，例如：“你觉得 AI 未来会比人类更会‘认东西’吗？为什么？”

第6章 Python编程竞技场

6.1 青铜挑战——单词助手设计

任务总览

背单词是英语学习中必不可少的环节，但是大多数同学背单词总是像在沙滩上写字，刚记住就被“遗忘的海浪”冲走。假设你是信息科技课代表，现在英语课代表向你求助，请你帮忙为全班同学设计一个背单词的程序——集单词学习、练习、错题强化于一体的智能背单词工具。

现在，请你接受挑战，和英语课代表一起，为全班同学设计这个程序。

任务描述

“我会将我们需要学习的单词，以CSV表格的形式整理好，这个表格有两列，A列是单词，B列是汉语意思，你需要从这个表格中读取全部单词。我希望能够从这些单词中随机抽取一些单词进行学习。比如说，我要10个单词，它就能给我10个单词，让我逐个进行学习，每个单词能提供3遍读音。学完单词后，它会进行检查，给我提示中文以及英文的发音，我需要输入英文，让它能判断对错，对了就加1分，错了的就记录下来。当我将练习完成后，它会告诉我错了多少，让我将错误的单词再学一遍，并对我进行检测。最后，如果我还有错误，则把这些单词显示给我。”

第一步　程序规划

1.功能梳理

请你根据英语课代表的描述，梳理单词助手程序的核心功能：

AI加油站

你可以这样向AI编程助理提问：

（1）什么是CSV格式文件，在Python中使用它有什么好处？

（2）我可以通过哪些Python的知识点实现XXX功能？

（3）实现XXX功能需要用到哪些Python库？

2.任务拆解

请你将这个程序拆解为若干个小任务，规划任务流程，以思维导图的形式写在下面的空白区域。

AI加油站

你可以这样向AI编程助理提问：

（1）我想做一个XXX程序，它有XXX功能，请你帮我拆解这个大任务，将它分为一个个小任务。

（2）在Python中，如何使用列表存储多个单词及其中文意思？

第二步　程序开发

1.读取单词表

从准备好的文件中读取单词，建议包含以下内容：

查看单词文件：打开资源包，找到words.csv并打开，可以看到单词数据，A列是单词，B列是中文。

文件检测：检查words.csv文件是否存在，如果不存在，提示用户。

CSV读取：使用csv.reader读取单词表，跳过表头，将每行数据存储为列表。

常见问题：

（1）如果文件路径错误，或者文件没有和程序放在同一个文件夹，程序会误判文件不存在。

（2）读取表格文件时需要跳过表头（第一行）。

（3）如果文件中有中文，需指定编码为encoding='utf-8'。

动脑想一想

请将相关库和关键代码写在下方空白处。

AI加油站

思考并 向AI编程助理提问：

（1）如何使用Python从CSV表格中读取文件？

（2）为什么读取CSV文件时遇到乱码？应该怎么处理？

（3）如何让程序自动生成一个空的words.csv文件？

动手试一试

根据你的分析和AI的帮助，请你定义一个函数，从words.csv读取单词数据，若文件不存在则提示用户，若存在，则将每行单词保存在一个空列表中。

运行程序，将列表内容显示在控制台。

2.抽取单词

让用户输入要背诵的单词数量，程序从单词表中随机抽取指定数量的单词，建议包含以下内容：

处理用户输入：使用while True循环确保用户输入有效数字,用try-except捕获非数字输入，防止程序崩溃。

随机抽取逻辑：使用random.sample()从单词表中抽取指定数量的单词。

常见问题：

（1）如果不使用循环，则用户输入错误一次就会导致程序结束。

（2）当随机抽取的单词数量大于单词总量时程序会出错。

AI加油站

思考并向AI编程助理提问：现在要从单词列表中随机抽取指定数量的单词：

（1）如何保障用户的输入是有效的数字？

（2）有哪些方法可以从列表中抽取随机的单词？它们有什么区别？

（3）如何防止用户输入的数字超过单词表总数？

动手试一试

根据你的分析和AI的帮助，请你定义一个函数，从单词列表中随机抽取指定数量的单词，放在一个新列表中。

运行程序，将抽取的单词显示在控制台。

3.语音播放

当用户在学习单词或者练习单词时，能够提供单词发音支持，建议包含以下内容：

慢速朗读：设置朗读速度，朗读接收到的单词。

常见问题：

未初始化引擎，报错DriverNotFound。

动手试一试

请你导入pyttsx3库，初始化引擎，设置语音速度。定义一个函数，当收到单词后将其朗读。

4.学习单词

用户学习抽取的单词，建议包含以下内容：

显示中英文：循环遍历单词列表，先显示中文，再显示英文。

语音朗读：每个单词朗读3次，强化记忆。

清屏分割：将控制台内容清空，以便展开练习。

常见问题：

清空控制台方式有很多，选择合适、有效的方式进行。

AI加油站

思考并向AI编程助理提问：

Python如何清空控制台？

动手试一试

根据你的分析和AI的帮助，请你定义一个函数，将抽取的单词及其汉语意思逐个输出在控制台，并且设置每个单词读3遍，随后清空控制台。

5. 练习单词

用户学习完抽取的单词后，及时进行检测，建议包含以下功能：

单词提示：给出英语发音提示和中文释义。

判断对错：判断用户输入的单词是否正确。

统计正确数量：记录用户答对的单词数量。

记录错误单词：记录用户答错的单词。

常见问题：

在逻辑判断时，大写字母不等于小写字母，可能会导致判断错误。

AI加油站

思考并向AI编程助理提问：

如何保证用户输入的字母都为小写字母？

动手试一试

根据你的分析和AI的帮助，请你定义一个函数，逐个输出抽取单词的汉语意思并给出发音提示。判断用户是否输入了正确的单词，正确加1分，错误则将单词记录到新列表中。

6. 主程序逻辑

至此，单词学习助手的主要功能都已经完成了，需要按照逻辑顺序将这些功能组合起来，例如：

```
# 加载单词并创建随机单词表
words = select_words(load_words())
# 学习随机单词
study(words)
# 练习随机单词并记录错误单词
wrong_words = practice(words)
# 如果有错误单词，就学习错误单词，并练习错误单词，再次记录
if wrong_words:
    study(wrong_words)
    wrong_words = practice(wrong_words)
    # 如果还有错误单词，将错误两次的单词输出
    if wrong_words:
        print("这些单词需要加强练习：")
        for word in words:
            print(word[0],word[1])
```

动手试一试

根据你创建的程序，请你定义一个主程序，将相应的功能按逻辑顺序组合，完成单词学习助手。

第三步　程序测试

1.手动测试

序号	测试场景	操作步骤	预期结果	实际结果	是否通过
1	正常流程测试	输入有效单词数量（如5），正常完成练习	学习→练习→错题强化流程顺畅，语音正常播放		
2	边界条件测试	输入数量 = 词库长度（如20个单词库输入20）	抽取全部单词，无重复		
3	错误输入测试	输入非数字（如“abc”）或0	提示“请输入整数”或“请输入正整数”		
4	错题强化测试	故意输错单词	错误单词进入强化练习，直至全部正确		
5	文件缺失测试	删除 / 移动 words.csv 文件	程序提示“文件不存在”并退出		

2.AI测试

描述程序的主要功能，复制代码，粘贴到AI助手。你可以向它提问:

（1）我的代码是否完成了任务，请你评价代码质量，给出优化建议。

（2）语音播放时程序会卡住，如何优化pyttsx3的调用?

（3）这段练习模式的代码总是无法记录错题，帮我看看哪里出错了。

3.修复与优化

你在测试中发现了哪些 bug？如何解决的？

第四步　程序迭代

1.头脑风暴

现有功能：学习→练习→错题强化

可扩展方向：

□ 将错误单词、错误次数、最后练习时间保存到本地CSV文件

□ 用tkinter或easy GUI制作图形化界面

□ 学习报告（生成正确率曲线、薄弱单词列表）

□ 艾宾浩斯复习计划（按遗忘曲线自动安排复习）

□ 根据单词难度（如单词长度）分配抽取概率

□ 其他____

2.与AI 互动

你可以将代码提交给AI助手，向它索要更多的创意。你也可以让它帮你实现一些创意，例如：

（1）如何将错误单词保存到 CSV 文件，并自动累加错误次数？

（2）在程序中如何让单词的发音更标准、更纯正？

（3）怎么控制不同难度单词的抽取概率？答对率高的单词降低抽取概率，答错率高的单词提高概率？请你提供方案，给出代码并教我认识这些代码。

第五步 分享交流

1.分享渠道

班级群分享：发送程序文件和使用说明，附上“快来挑战你的词汇量！”

社区论坛：在海龟编辑器中作品以链接、海报或者二维码的形式发布到社区，带标签 #学生项目# 背单词工具。

短视频平台：录制 1 分钟演示视频，展示核心功能。

2.建议收集

体验者	遇到的问题	有价值的改进建议

开发感悟

1.技术收获

学会了____________________

掌握了____________________

理解了____________________

2.过程反思

遇到的最大困难是：__________，如何解决的？__________

最有成就感的时刻是：____________________

下次开发会注意：____________________

3.未来展望

我想给这个程序添加__________功能，让它__________

这次项目让我发现编程可以____________________

总结

祝贺你通过了“青铜挑战”！

你不仅完成了一个实用的背单词工具，更学会了将想法转化为代码的能力。编程的魅力在于“不断迭代”——从解决一个小问题开始，逐步打磨出更强大的工具。现在，带着你的作品和感悟，开启下一个挑战吧！

6.2　王者挑战——与AI协同编程

任务总览

还记得我们一起开发的超酷背单词程序吗？每天用自己写的代码来学习新单词，是不是成就感满满？但是仅仅背单词好像缺了点什么，同学们不但要会背单词，更要会用单词。现在英语课代表收集了同学们的建议，向你提出新的需求，希望你迭代上一版程序，优化智能背单词工具，为它增加出题的功能。

现在，请你接受挑战，和英语课代表一起，为全班同学优化这个程序。

任务描述

“假如同学们已经完成了单词背诵任务，我希望程序可以根据本次背诵的单词提供一些单项选择题，并且可以把答案提交给程序，程序可以自动判断正确或错误。错误的试题可以给出解析，并且程序还会对我们答题的结果和单词的掌握作出评价。另外同学们还反映程序使用不便，如果能有图形化的界面，并且将程序以软件的形式放到电脑上就更好了！”

第一步　程序规划

1.功能梳理

请你根据英语课代表的描述，梳理单词助手程序需要增加的功能：

2.任务拆解

请你将要优化的功能拆解为若干个小任务，规划任务流程，以思维导图的形式写在下面的空白区域。

AI加油站

你可以这样向AI编程助理提问：

（1）我想为程序增加XXX功能，请你帮我拆解这个大任务，将它分为一个个的小任务。

（2）在Python中，我应该用什么样的方式实现XXX功能？

第二步 程序开发

1.接入大模型

想让程序实现出题，办法有多种。根据英语课代表的需求，为程序接入大模型似乎是不错的选择，建议包含以下内容：

选择合适的大模型并接入：导入相关库，创建客户端，添加密钥。

动脑想一想

请将相关库和关键代码写在下方空白处。

AI加油站

思考并向AI编程助理提问：使用Python编程有哪些办法能够让程序根据单词出英语选择题？

2.AI出题与解析

与AI交互的流程是：向AI发送出题要求以及单词；根据AI出的题目进行作答；作答结束后AI给出总结和评价。

动脑想一想

请将对AI出题的要求写在下方空白处。

AI加油站

你可以整理自己对出题的需求，向AI编程助理提问：例如“现在我想让AI根据我提供的单词为我生成英语单项选择题，每道题等我回答完之后再出下一题，并在结束后对我的作答情况做出评价。请告诉我应该怎样规范地写提示词。”

提示词参考：

请你按以下规则出英语单项选择题：

1. 单次出题模式：每次仅发送1道题，等待我回复答案后，再发送下一题。

2. 题目要求：

- 每道题应从所提供的单词中选择一个或多个进行考核。
- 题目为单项选择题，应包含4个选项，其中3个为干扰选项。
- 题干为完整英文句子，有真实语境,符合中小学英语考试的题目要求。

- 示例：

This is my book.____are over there.

A.Your B.Yours C.You D.mine

3. 答题结束触发：当我回复“结束”时，停止出题并生成总结。

4. 结果反馈：

- 统计正确率、评价单词掌握情况。

- 针对错误题目分析干扰项陷阱，并推荐同类单词强化练习。

完成AI出题的程序逻辑是怎样的？下面是乱序的逻辑，请你梳理这些逻辑，将正确的出题逻辑写在下面的空白处。

序号	内容	序号	内容	序号	内容	序号	内容
1	聊天记录添加出题要求信息（用户的要求）	2	导入库	3	聊天记录添加AI角色信息	4	创建聊天记录
5	创建客户端	6	设置AI出题的要求（用户的要求）	7	设置AI角色（英语老师）	8	聊天记录添加单词
9	将用户的答案或者问题添加到聊天记录	10	将聊天记录发给AI	11	将AI回复添加到聊天记录	12	展示AI的信息

根据逻辑，为了能在背完单词后让AI出题，我们需要考虑如下问题：

（1）应该先向AI发送出题要求还是发送单词？

（2）单词的格式是嵌套列表，例如[['ancient', '古代的；古老的'], ['absent', '缺席的；不在场的']]，能否直接发给大模型？应该转什么样的格式呢？

AI加油站

向AI编程助理提问：“[['ancient', '古代的；古老的'], ['absent', '缺席的；不在场的']]怎样转化为字符串？

将你的出题逻辑转化为代码，将主要代码写在下面的空白处。

动手试一试

完成AI出题与解析功能，并测试相关功能完整可用，无bug。

序号	测试场景	操作步骤	预期结果	实际结果	是否通过
1	正常流程测试	输入有效单词数量（如5），正常完成练习	学习→练习→错题强化流程顺畅，语音正常播放		
2	交互流程	输入非“退出”的答案，观察AI响应	每次只出1题，等待输入后继续		
3	结束条件	输入“退出”	终止出题并显示统计结果		
4	完整流程	执行全部功能模块	各环节无缝衔接，数据传递正确		

3.设计程序界面

在前面的课程中，我们学习了利用有关Python库构建网页程序和exe格式软件，它们的使用场景各有不同，根据英语课代表的需求，他需要以软件的形式放在电脑上，所以你需要考虑的是：

（1）使用哪个Python库创建软件界面？

（2）界面的设计是怎样的？

（3）单词如何上传到软件？

（4）在软件中应如何保护API密钥？

AI加油站

将API密钥用“XXX”代替，将代码发给AI编程助理并提问，例如：“我想为这个程序添加一个精美的UI界面，请你认真分析本程序代码，对比分析哪个Python库更合适？”

请在下方的空白处画出你想象中的程序界面。

动脑想一想

单词表能不能通过上传的方式导入软件中？API密钥能不能通过输入的方式添加到软件中？

请整理你的对界面的需求，将代码和要求发送给AI。下列提示词供你参考。

我有一个英语单词学习程序，代码如下：

[此处粘贴你的完整代码]

请使用 Python 的 tkinter 库为这个程序设计一个精美的 UI 界面。界面需要具备以下特点：

采用现代化的设计风格，使用扁平化设计元素，颜色选择清新明亮，如天蓝色、薄荷绿等。软件共有三大功能模块。

功能1——单词学习

一个“选择文件”的按钮，按下后选择要加载的单词文件。

一个文本框，让用户输入要背诵的单词数量。

一个“开始学习”的按钮，按下后启动单词学习，逐个学习单词。

功能2——单词检测

根据刚刚背诵的单词进行检测，给出汉语，要求用户提供单词。

一个输入框供用户输入答案。

功能3——AI答题

一个设置按钮，用于用户填写API密钥。

一个大的显示窗口，用来呈现单词的中英文内容、AI给出的题目和选项。

一个输入框供用户输入答案。

一个“结束答题”按钮，点击后终止出题并生成总结报告。

为所有的按钮和输入框设置清晰的提示信息和美观的边框效果，提升交互体验。

AI加油站

界面的生成可能不会一次就成功，不合适的地方需要你多次和AI交流，让它修改，你的问题越具体，修改的效果会越好。另外如果控制台有错误信息，则复制错误信息直接发送给AI，例如“程序运行后报错RuntimeError: run loop already started，请你分析并修改。”

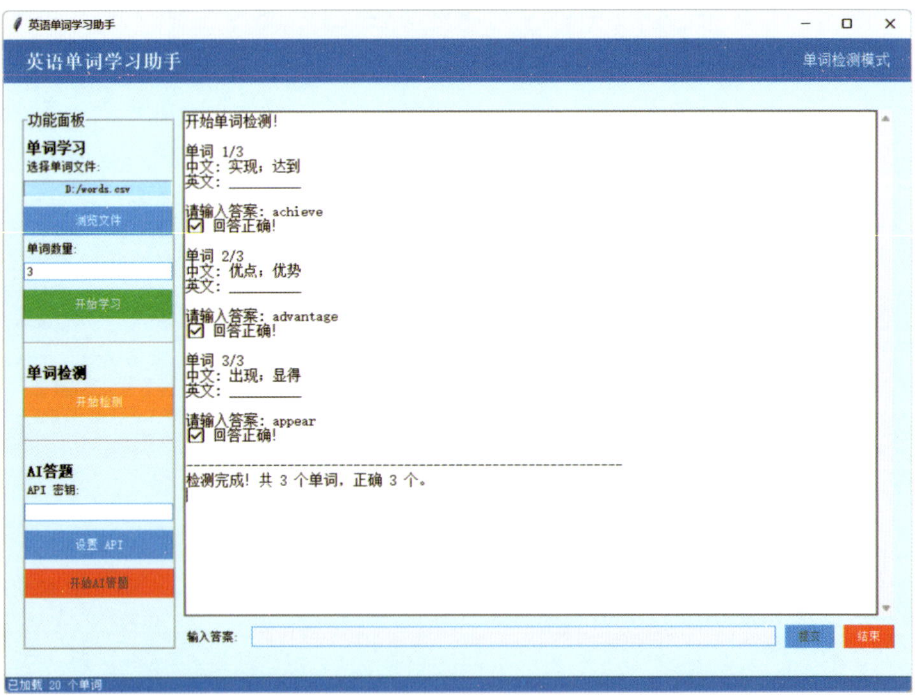

第三步　程序测试

1.手动测试

复制AI生成的代码到编辑器，运行代码并完成程序测试。

序号	测试场景	操作步骤	预期结果	实际结果	是否通过
1	程序启动与界面显示	运行程序	1. 程序正常启动，显示主界面 2. 界面布局完整，无缺失元素 3. 标题显示为“英语单词学习助手”		
2	选择单词文件	1. 点击“浏览文件”按钮 2. 选择准备好的 CSV 文件	1. 弹出文件选择对话框 2. 成功选择文件后，文件路径显示在界面上 3.“开始学习”和“开始检测”按钮变为可点击状态		
3	单词学习功能	1. 确保已选择单词文件 2. 在“单词数量”输入框中输入数字（如 5） 3. 点击“开始学习”按钮	1. 界面切换到单词学习模式 2. 依次显示单词的中文和英文，每个单词显示 3 秒 3. 每个单词语音播报3次 4. 学习进度正确显示（如“单词1/5”） 5. 学习完成后，自动切换到单词检测模式		
4	单词检测功能	在单词学习完成后自动进入检测模式	1. 依次显示中文释义，要求输入对应的英文单词 2. 输入正确答案后，显示“√回答正确！” 3. 输入错误答案后，显示“×回答错误，正确答案是: [正确单词]” 4. 检测完成后，显示检测结果统计（正确数量/总数量）和需要加强练习的单词列表		
5	AI 答题功能	1. 在API密钥输入框中输入有效的API密钥 2. 点击“设置 API”按钮 3. 点击“开始 AI 答题”按钮	1. 成功设置API密钥后，显示“API密钥设置成功” 2. 开始 AI 答题后，界面显示AI生成的选择题 3. 输入选项（A/B/C/D）后，显示下一题 4. 输入“结束”后，生成答题总结报告		
6	结束会话功能	在任何模式下，点击“结束”按钮	1. 停止当前模式，返回到准备状态 2. 界面显示“准备就绪” 3. 输入框和按钮变为不可用状态		
7	边界测试	1.点击“开始学习”按钮，不选择单词文件 2.在“单词数量”输入框中输入非数字字符（如“abc”）或负数（如-5），然后点击“开始学习”按钮 3.点击“开始AI答题”按钮，不设置API密钥	不选择单词文件时弹出错误提示：“请先选择并加载单词文件。” 错误输入时弹出错误提示：“请输入有效的正整数。” 无API时弹出错误提示：“请先设置API密钥。”		

2.AI测试

描述程序的主要功能，复制代码，粘贴到AI助手。你可以向它提问：

（1）我的代码是否完成了任务，请你评价代码质量，给出优化建议。

（2）语音播放时程序只能播放一个单词的读音。

（3）我的程序运行时非常卡，请你帮我优化。

3.修复与优化

你在测试中发现了哪些 bug？如何解决的？

第四步　程序打包

要将你的英语单词学习助手程序打包为独立的exe文件，需要使用pyinstaller 打包工具。

AI加油站

不会使用pyinstaller？快来问问AI助理吧！你可以提问：“我是一个初学者，请详细地教我如何安装、使用Python的pyinstller库将程序打包为exe软件。”

安装pyinstaller库以后，打开命令行。Windows电脑可搜索“CMD”（macOS/Linux打开“终端”）。假如你的程序文件在D盘的 myproject文件夹，那么先输入“D：”切换到D盘，再输入“cd myproject”打开项目文件夹。

```
# Windows（假设项目在 D:\myproject）
D:
cd myproject

# macOS/Linux（假设项目在 ~/projects/myapp）
cd ~/projects/myapp
```

使用打包命令打包程序，打包完成后，可执行文件会出现在项目文件夹下的dist子目录中。

```
pyinstaller -F -w  wordshelp.py
```

小禾敲黑板

-F：生成单个可执行文件

-w：隐藏命令行窗口（仅图形界面程序需要）

第五步 分享交流

1.分享渠道

班级群分享：发送软件和使用说明，附上“AI助力单词学习”。

社区论坛：在海龟编辑器中作品以链接、海报或者二维码的形式发布到社区，带标签 #学生项目# AI单词助手。

短视频平台：录制 1 分钟演示视频，展示核心功能。

2.建议收集

体验者	遇到的问题	有价值的改进建议

开发感悟

1.技术收获

学会了______

掌握了______

理解了______

2.过程反思

遇到的最大困难是：______，如何解决的？______

最有成就感的时刻是：______

下次开发会注意：______

3.未来展望

我想给这个程序添加______功能，让它______

这次项目让我发现编程可以________________________________

总结

祝贺你通过了“王者挑战”！

通过两次挑战，你不仅完成了一个智能的背单词助手，更学会了将想法转化为代码的能力。编程的魅力在于“不断迭代”—— 从解决一个小问题开始，逐步打磨出更强大的工具。现在，带着你的作品和感悟，开启新的学习征程吧！

附录 Appendix

A　在编程中使用AI辅助学习

提问的艺术

QIR三元提问法（Question-Information-Request）：即在提问时，明确你的问题是什么？你需要提供哪些信息？你的要求是什么？以下是错误提问和正确提问的对比。

提问类型	提问内容
	[粘贴代码]帮我改代码，报错了！
正确提问√	我的程序运行后报错，不知道怎么回事，报错内容为IndentationError，下面是我的代码，请你详细告诉我①错在什么地方；②详细地教我怎么改；③提供修复后的代码。[粘贴代码]

Q（Question问题）

在提问时，首先明确你的疑问，按编程学习的场景，定义具体问题的方向。

学习场景	典型问题类型	简单示例
知识理解	概念困惑、知识对比、底层原理	“Python函数和数学函数有啥不同？”
代码实践	Debug、优化、功能实现	“为什么运行这段循环代码后重复打印？”
创意开发	需求拆解、工具选型、功能拓展	“做个单词打卡程序，第一步该写啥？”
课外拓展	闲聊或比赛、课程、书籍、资源、库等资源推荐	“我想参加Python类的编程赛事，有什么推荐？”

I（Information信息）

在提问时，要明确你能给AI提供哪些信息，把“代码、报错、需求”表述完整，隐私信息打码或更换。

场景	提供的信息	脱敏技巧（隐私保护）
知识理解	知识点名称（如“字典”）、具体困惑（如“和列表的区别”）	\
代码改错	报错代码（粘贴完整片段）、报错信息	替换真实数据（如name = “小明”而非真实姓名）
创意开发	作品需求（如“古诗打卡器”）、功能细节（如“记录背诵时间”）	替换学校/班级等信息（如school = “实验中学”）
课外拓展	资源使用对象的信息（如年级、接触编程多久、学习目标）	\

R（Request要求）

在提问时说清楚自己的要求，越具体越好，核心是告诉AI：“我需要你以什么形式、什么深度、什么细节来回答。”

层级	目　标	要求内容
基础要求	解决当前问题	帮我修改这个错误
进阶要求	学会解决这类问题的方法	请给出结果、解决问题的思路并总结相关问题的解决技巧（如改代码的步骤、概念的类比逻辑、避坑技巧）
高阶要求	培养思维能力	请举一反三，还有哪些方案能解决这个问题，请你对比并分析优劣

对于创意开发类问题的要求

场　景	具体要求
概念解释	①用生活类比；②配以极简的代码来说明；③标注代码对应的概念
知识对比	①用表格对比分析；②配以简单的代码示例；③总结适用场景
底层原理	①解释设计此语法的原因；②用流程图展示执行逻辑；③关联已学知识

对于代码实践类问题的要求

场　景	具体要求
错误诊断与修复	①定位错误位置；②分步修改（每步说明改哪里、为什么）；③总结避坑技巧
代码优化	①从“规范、简洁、效率”角度打分；②提供两种优化方案（基础版/进阶版）；③对比优势和实现难度
功能实现	①编写核心逻辑代码；②注释解释每步的作用；③提示可修改的“创意点”（如“改循环次数”）

对于创意开发类问题的要求

场　景	具体要求
需求拆解	①拆成3个可编码任务；②为每个任务推荐工具和知识点；③写伪代码框架（标注任务对应模块）
功能拓展	①分析现有代码的潜力；②提供两种拓展方案；③标注难度
作品优化	①从程序体验角度提问题（如“没验证用户输入的是整数”）；②提供优化建议；③写优化后的代码（标注修改位置）

以下是常用的提问模板。

交互维度	交互点	使用场景	提问模板
安全伦理	规范讲解	首次用AI辅助学习，或对规则、功能有困惑时	你有哪些功能？作为一个初学者，我应该怎么正确使用你来辅助编程学习？
知识理解	概念理解	在学习抽象的概念（如“函数”）时，无法理解其作用与调用逻辑	对于[×××]知识点，我还不太理解[描述疑惑]，请你形象地向我解释，并写段简单的代码演示，为每行代码添加注释
	代码讲解	遇到教材示例代码，看不懂每行代码的作用或对某段代码不理解	这段代码完成了什么功能？请你详细解释这段代码的逻辑、功能及关联的知识点。[粘贴代码]
	知识拓展	在学习某知识时能联想到其他知识点	“Python还有哪些知识点可以实现[×××]？请你对比分析，说明它们的优缺点和适用场景，以及对初学者的友好程度。”
	学习反馈	学完知识点，想检测学习效果	“我已经学完[×××]知识点，考考我吧！请你出几道选择题、判断题，并标注星级难度！我将按顺序发给你答案，请你解析相关知识点，根据我的回答分析我的学习效果并给出建议或者学习路径、学习资源。” [按照题目顺序发送答案]
代码实践	错误处理	在书中完成作品或练习题后，遇到代码报错或运行结果不符合预期，或出现错误	[粘贴代码] “上述代码运行后报错[粘贴报错内容]，请帮我查找错误，详细解释出错的原因并告诉我处理办法！”
	代码生成	学完知识点，想应用知识编写代码，有明确需求但完全不知如何编写代码	“学了[×××]知识点，想写[描述你想实现的功能]，请生成一段代码来实现这个功能，并添加详细的注释为我解释这些代码。”
	代码评价	完成编程任务后提交AI验证、评价	[简要描述任务]，下面我的代码是否完成了任务？请你分析代码存在的问题，从简洁性、规范性、可读性等方面评价我的代码质量，并给出改进建议。 [粘贴代码]
创意开发	创意启发	当学习完相应的知识点后，需要知道该知识还能够解决什么问题，想探索知识的应用场景	“学了[×××]知识点，能解决什么生活或者学习问题？有没有创意玩法？请举几个趣味场景。”
	创意拆解	有编程作品想法（如“用Python帮妈妈整理购物清单”）	“我想做[×××]程序，[描述你的想法]，这个程序该如何实现？请你帮我列出详细的编程步骤，推荐合适的Python知识点，使用伪代码辅助我完成程序。”
	创意迭代	当完成一个编程作品后，引导学生发散思维，或根据学生的要求增删功能	“我做了[×××]程序，[简单描述程序的使用以及预期]，能再增加一个[描述你想修改的内容]，你认为还可以添加什么功能？请给出建议和示例。” [粘贴代码]
课外拓展	AI闲聊	编程累了，想和AI聊编程趣事、学习心得	我们来闲聊一会儿吧……
	资源推荐	需要更多学习资源（书籍、课程）、工具（编程平台）、比赛等	1.“我喜欢用编程做[×××]，请你推荐一些适合[×]年级学生的书本、课程或比赛等资源。” 2.“我想学[×××]，请你推荐一些适合[×]年级学生的书本、课程或比赛等资源。”

辨别回答

收到AI的回答后可以考虑做以下4件事。

1.运行AI提供的代码，查看是否正确，或修改AI提供的代码中的某个参数（如把range(5)改成range(10)），看结果是否符合预期。

2.使用百度搜索AI提到的语法（如“字典的get方法”），核对用法，或者搜索官方文档查阅。

3.如果AI提供的方法和课堂讲的不一样，先记下来，下次上课问老师。

4.再问问其他AI。将同样的问题抛给不同的AI工具，查看不同的AI工具给出的答案的异同。

保护隐私

为了保护个人隐私，在与AI对话的过程中禁止输入真实姓名、班级、学校、家庭住址、联系方式、API密钥等个人信息。敏感数据可以用占位符或虚假信息替代，例如（name=“小明”，API=“×××”）。

合理使用

使用AI助手要牢记“三不原则”。

·不直接抄代码：让AI教你“怎么写”，要先看它怎么写，看注释。

·不跳过思考：遇到问题先自己想5分钟，再问AI。

·不盲目信答案：把AI答案当“参考答案”，不是“最终答案”，多验证、多对比。

> 在使用AI时
> 问题定位要精准，代码截图不能省
> 功能需求列清楚，隐私保护是根本
> 答案验证四步走，独立思考才是真

B Python环境安装

在操作系统为Windows的计算机上安装Python环境

以Windows 11系统为例。

1.下载安装包

访问Python官方网站，单击Downloads按钮后会出现下载页面，网站会自动检测您的操作系统，并推荐适合的Python版本。截至目前，最新的版本是3.13.2，单击Download Python 3.13.2按钮即可开始下载，官网下载可能会较慢，需耐心等待。注意，最新的版本不能在Windows 7系统或者更早系统的计算机上使用，建议选择Windows 10及以上系统的计算机学习。向下滑动也可安装其他版本的Python，建议安装Python 3.10及以上版本。

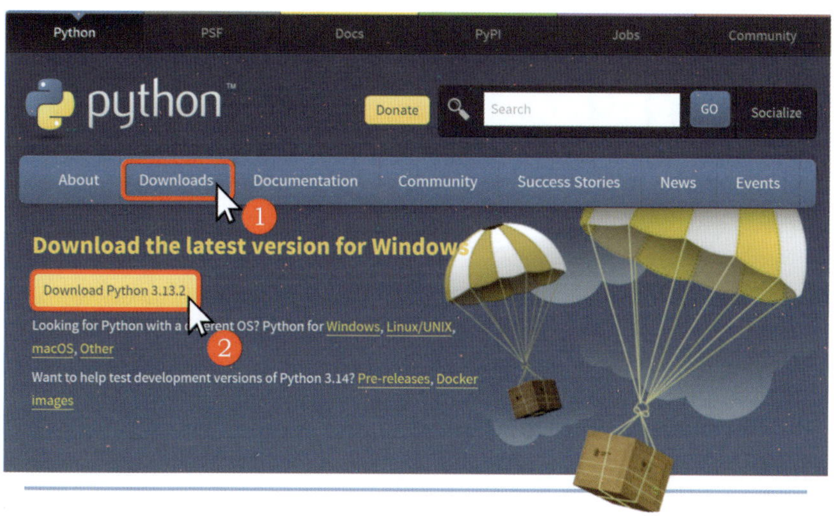

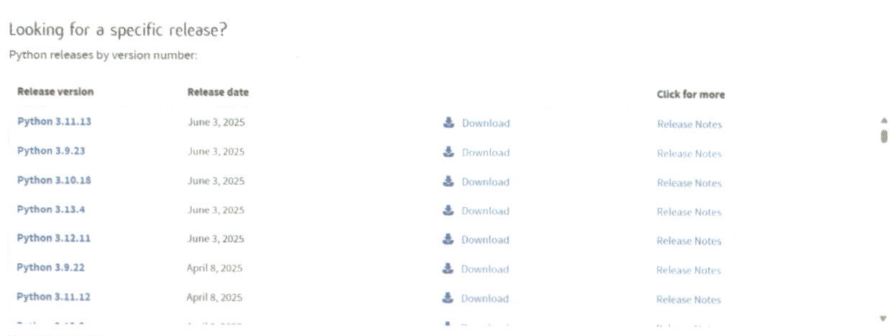

2.安装Python

打开下载好的安装包，首先勾选Add python.exe to PATH复选框。计算机C盘是首选的安装位置，如果C盘空间充足，就可以直接单击Install Now按钮将Python安装到C盘。

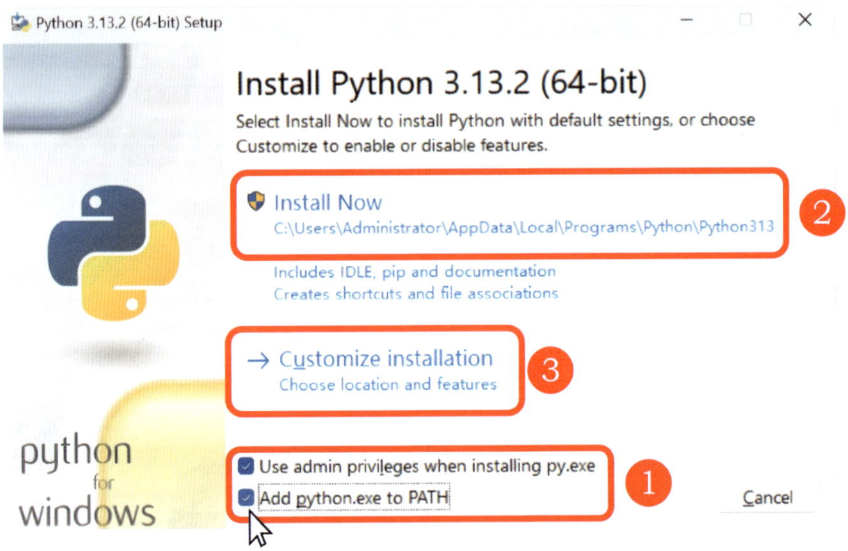

如果要安装在其他磁盘，如D盘、E盘，可以先到相应的磁盘中创建一个Python文件夹。单击Customize installation按钮，保持默认设置，单击Next按钮。

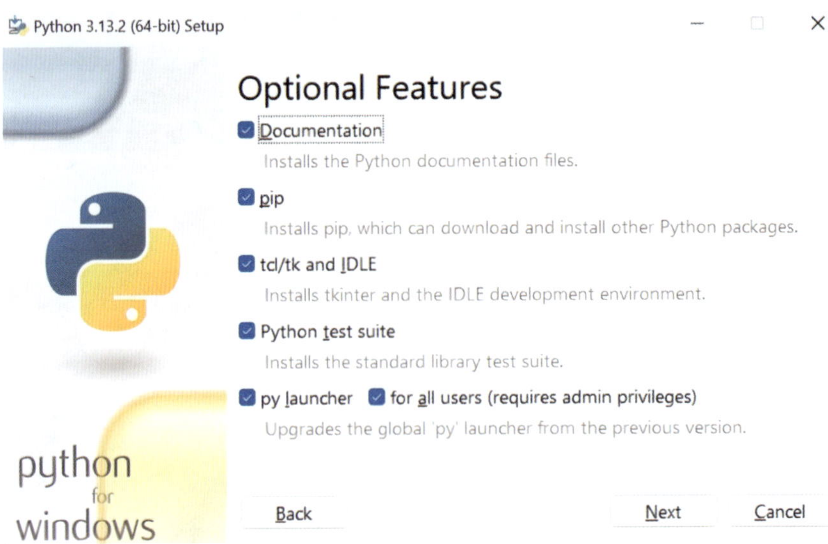

单击Brower按钮选择创建的Python文件夹，单击Install按钮安装即可。耐心等待，直到出现Setup was successful，完成安装。

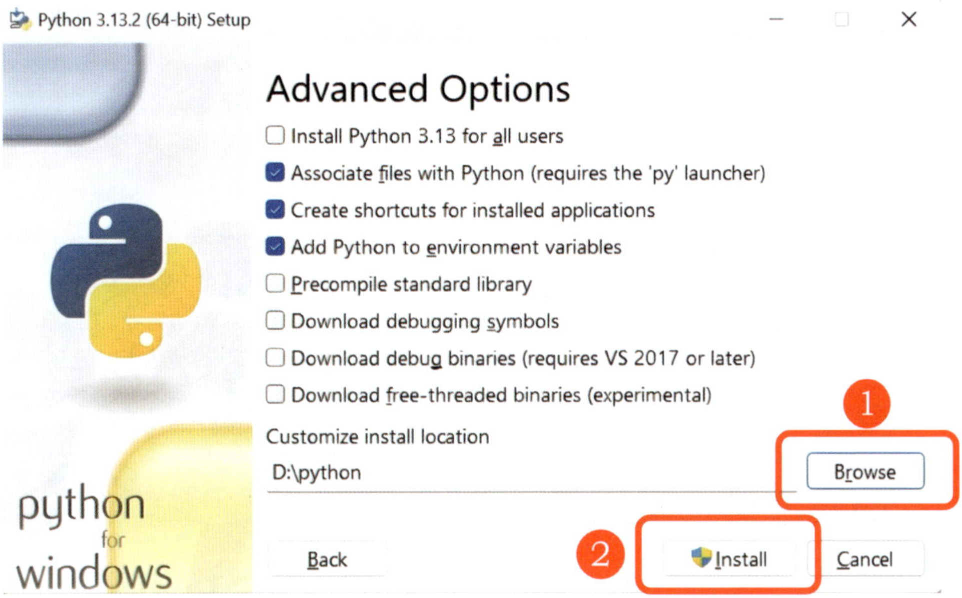

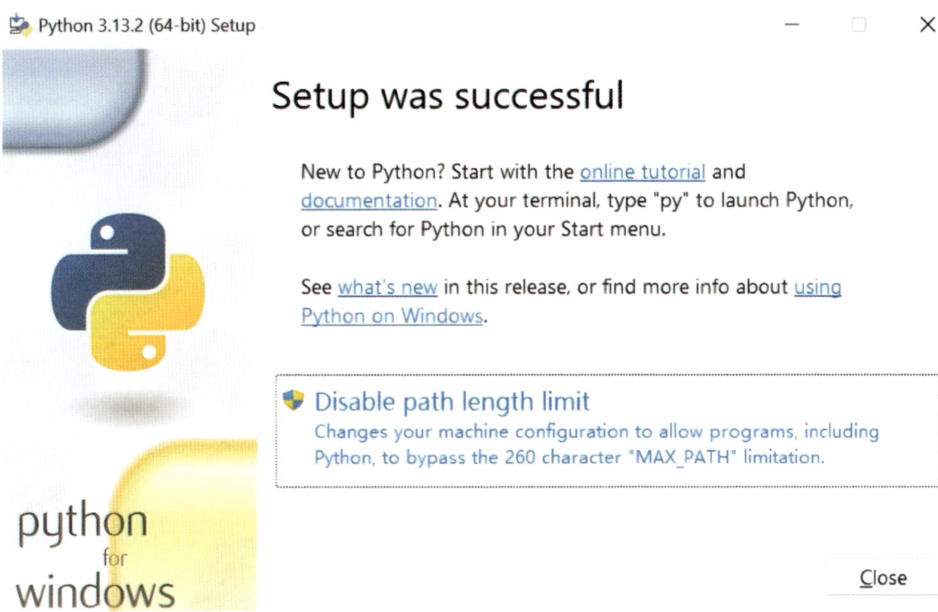

3.验证Python的安装

按下键盘上的Windows+R组合键，在弹出的窗口中输入cmd，单击“确定”按钮即可打开命令行。输入“Python --version”，按键盘上的Enter键，如果安装成功，命令行会显示Python的版本号。

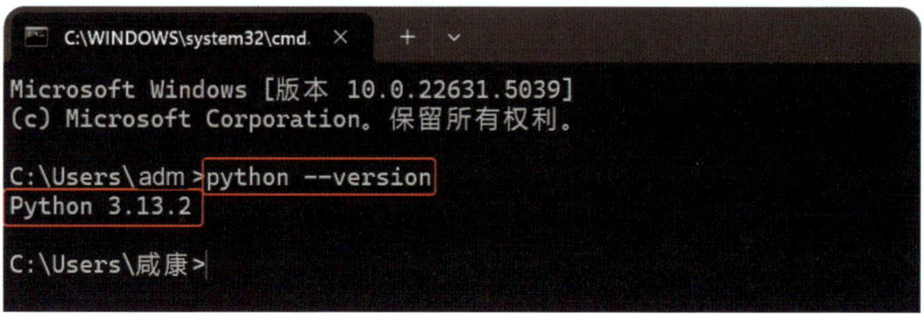

在操作系统为macOS的计算机上安装Python环境

下载安装包并安装。

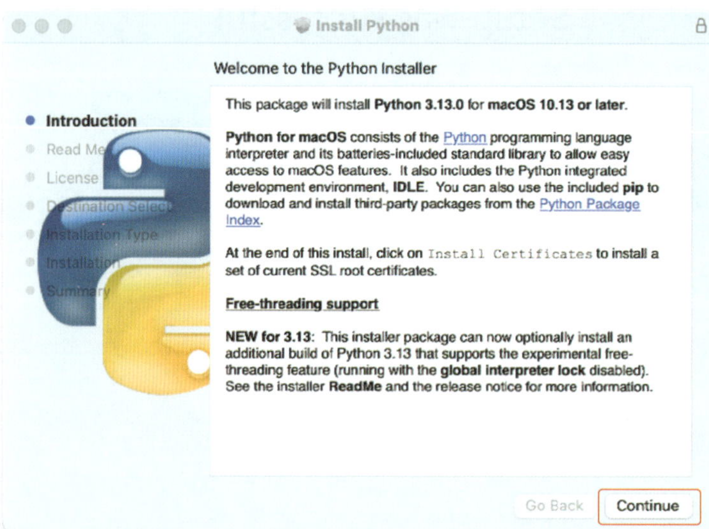

macOS系统通常会预装一个Python版本，但可能不是最新的。大家可以参考在Windows操作系统中安装的方法，先到官网下载安装包，打开后跟随安装指引操作，直到安装成功。

使用Python环境的注意事项

在使用海龟编辑器时，需要特别注意它自带的Python环境和从Python官网下载安装的环境是两个独立的运行环境。

为了方便初学者使用，海龟编辑器内置了一个“开箱即用”的Python环境，这个环境被“封装”在编辑器内部，就像一个“便携工具箱”，它的安装路径为C:\turtle-editor2\resources\app.asar.unpacked\Python-win64\Python.exe。它可能已经预装了海龟绘图（turtle）、easygui等常用库，大家在编辑器中运行代码时，实际上是在这个内置的环境中操作的，通常情况下，它不会主动影响计算机上的其他Python环境。

而从Python官网下载安装的环境，是一个“系统级”的Python环境，相当于在计算机里单独搭建了一个“工作室”。这个环境需要用户手动配置路径、安装库（如通过pip install命令），并且可以同时存在多个版本（如Python 3.8、Python 3.11）。在命令行中直接运行Python命令或使用pip命令，通常调用的就是这个环境。在海龟编辑器中安装的库并不能在这里使用，同样的，在这里安装的库也不能在海龟编辑器中使用。

C　使用IDLE编辑Python程序

打开IDLE

IDLE是Python自带的集成开发环境（IDE），提供了编辑、运行和调试Python代码功能。以下是在不同操作系统中打开IDLE的方法。

1. Windows操作系统

单击屏幕左下角的“开始”按钮（Windows图标）。在搜索框中输入IDLE。找到IDLE（Python 3.x）（x为版本号，如3.11）并单击。

2. macOS操作系统

单击屏幕右上角的放大镜图标（Spotlight搜索）。输入IDLE或Python，选择IDLE应用打开。

编辑Python程序

在IDLE主界面，单击File菜单，再单击New File命令（Ctrl+N组合键），弹出编辑窗口。编辑完成后单击File菜单，再单击Save命令，保存为.py文件（如hello.py）。

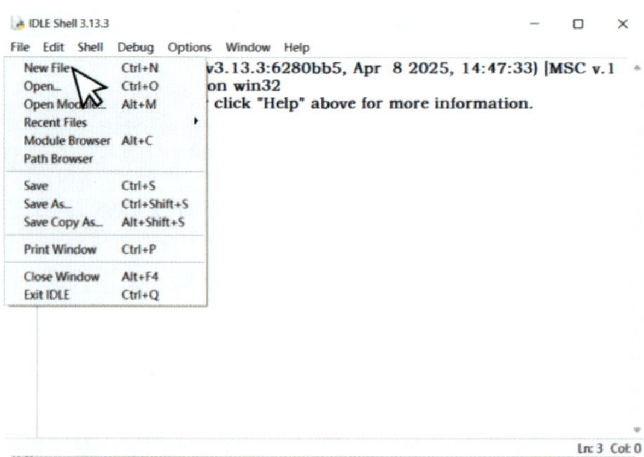

运行Python程序

在IDLE Shell 3.13.3窗口，单击File菜单，再单击Open命令，选择已有的.py文件，即可打开运行。当然，编辑完成之后可以单击Run菜单，再单击Run Module运行Python程序。

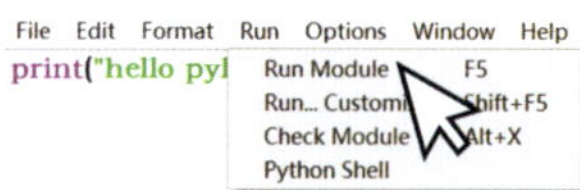

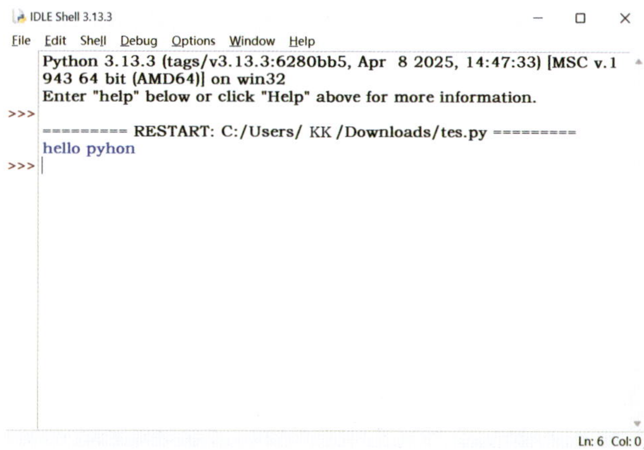

D 在命令行中安装Python库

Python的强大之处在于其丰富的第三方库。现在，Python生态系统拥有超过35万个开源库，覆盖数据科学、Web开发、自动化测试、人工智能等领域。

1. 进入命令行

在Windows操作系统中，按Windows+R组合键，输入cmd，单击“确定”按钮即可打开命令行窗口。在macOS操作系统中，按Command+空格组合键，输入Terminal，单击“确定”按钮。在Linux系统中按Ctrl+Alt+T组合键。

2. 安装单个库

pip是Python的包管理器，在安装Python时勾选Add Python to PATH复选框，通常随Python自动安装，否则需手动配置环境变量。

在命令行输入如下命令，若显示版本号（如pip 25.0.1），则表示已安装。

```
pip --version
```

通过命令行窗口安装Python库可以直接使用“pip install库名”命令（pip install qrcode）。例如，自动下载并安装最新版本的qrcode库及其依赖项，安装完成后会显示Successfully installed qrcode-8.2。

```
pip install qrcode
```

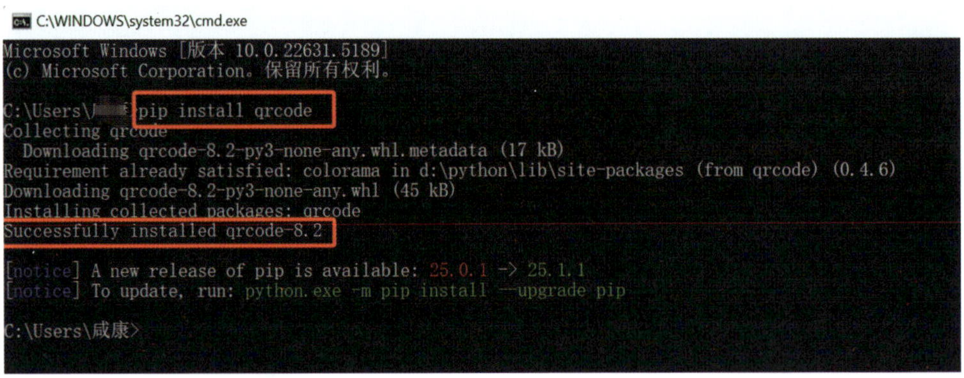

3.安装多个库

当有多个库需要安装时，可以通过pip命令一次性安装（用空格分隔）。下面的命令演示了一次性安装pandas库、numpy库和matplotlib库。

```
# 一次性安装多个库（用空格分隔）
pip install pandas numpy matplotlib
```

如果安装过程较慢，可以使用国内镜像（如清华源）。

4. 常用的pip命令

```
# 查看已安装的库
pip list
# 更新指定的库
pip install --upgrade 库名
# 展示指定库的信息
pip show 库名
# 卸载指定的库
pip uninstall 库名
```

E Python关键字

在Python语言中，以下保留字被称为关键字，它们具有特定的语法功能和语义，不可作为变量名、函数名、类名等标识符使用。在编写Python代码时，务必避免使用这些词汇定义自定义对象，以免引发语法错误。遇到标识符命名冲突时，可使用更具描述性的名称（如用user_input代替input，total_count代替count）。

关键词	用途说明
and	逻辑与运算符，用于表达式的逻辑连接
as	用于导入模块时的别名定义，或在with语句中指定上下文管理器的别名
assert	用于调试时的断言语句，检查某个条件是否为真，若为假，则抛出AssertionError
async	定义异步函数或异步上下文，用于异步编程
await	用于等待异步操作完成，只能在async函数内部使用
break	跳出当前循环（for或while）
class	定义类
continue	跳过当前循环的剩余语句，继续下一次循环
def	定义函数
del	删除对象（如变量、列表元素、字典键值对）

续表

关键词	用途说明
elif	else if的缩写，用于条件判断的分支
else	与if、for、while结合使用，在条件不成立或循环正常结束时执行
except	在try语句块中捕获异常
False	布尔值，表示逻辑假，与True相对
finally	在try-except语句中，无论是否发生异常，都会执行的代码块
for	用于遍历可迭代对象（如列表、字符串）的循环语句
from	与import结合使用，用于从模块中导入指定的函数、类或变量
global	声明全局变量，允许在函数内部修改全局作用域的变量
if	条件判断语句，根据条件执行不同的代码块
import	导入模块或模块中的内容
in	成员运算符，用于检查元素是否在可迭代对象中
is	身份运算符，用于比较两个对象的内存地址
lambda	用于定义匿名函数，适用于简单的单行函数逻辑
None	表示空值或无对象，是Python中一个特殊的常量
nonlocal	在嵌套函数中，声明使用外部函数的局部变量
not	逻辑非运算符，对布尔值取反
or	逻辑或运算符，用于表达式的逻辑连接
pass	空语句，占位符，用于保持代码结构完整
raise	手动抛出异常
return	从函数中返回值，结束函数执行
True	布尔值，表示逻辑真，与False相对
try	用于捕获和处理异常的代码块
while	循环语句，只要条件为真，就会重复执行代码块
with	上下文管理器，用于自动管理资源（如文件、数据库连接）的分配和释放
yield	在生成器函数中使用，用于暂停函数执行并返回一个值，下次调用恢复执行

F 转义字符与运算符

1. Python转义字符

在Python中，转义字符以反斜杠“\”开头，用于表示一些无法直接输入或具有特殊含义的字符。通过转义字符，用户可以在字符串中实现换行、制表、显示特殊符号等效果。以下是部分常用的转义字符及其说明。

转义字符	含　义	示例及说明
\n	换行符，将光标移动到下一行开头	输出Hello\nWorld时会在Hello后换行，显示为 Hello World
\t	制表符，用于缩进对齐文本	Name\tAge显示为 Name Age \t会使Age与Name之间产生一个制表位的间距
\\	反斜杠本身	C:\\Users用于在字符串中表示路径时，避免\被解析为转义字符前缀，输出C:\Users
\’	单引号	可在包含单引号的字符串中使用，‘It\'s a book’输出It's a book
\”	双引号	用于在包含双引号的字符串中表示双引号，She said, \"Hello!\"输出She said, “Hello!”

2. Python运算符

运算符是Python中用于执行各种运算的符号，根据功能，可分为算术运算符、比较运算符、逻辑运算符、赋值运算符等。以下是各类运算符的详细说明。

（1）算术运算符

用于执行基本数学运算，具体如下。

运算符	描　述	示　例	结　果
+	加法	3 + 2	5
-	减法	3 - 2	1
*	乘法	3 * 2	6
/	除法，结果为浮点数	3 / 2	1.5
//	整除，结果取整数部分	3 // 2	1
%	取模，返回除法的余数	3 % 2	1
**	幂运算，返回x的y次幂	3 ** 2	9

（2）比较运算符

用于比较两个值的大小或是否相等，返回布尔值（True或False）。

运算符	描述	示例	结果
==	等于	3 == 2	False
!=	不等于	3 != 2	True
>	大于	3 > 2	True
<	小于	3 < 2	False
>=	大于等于	3 >= 3	True
<=	小于等于	3 <= 2	False

（3）逻辑运算符

用于组合多个条件判断，返回布尔值。

运算符	描述	示例	结果
and	逻辑与，所有条件为真时才返回真	(3 > 2) and (5 > 4)	True
or	逻辑或，只要有一个条件为真就返回真	(3 < 2) or (5 > 4)	True
not	逻辑非，对条件取反	not (3 > 2)	False

（4）赋值运算符

用于给变量赋值，或在赋值的同时执行运算。

运算符	描　述	示　例	等价于
=	简单赋值	x = 5	
+=	加等于	x += 3	x = x + 3
−=	减等于	x −= 3	x = x − 3
*=	乘等于	x *= 3	x = x * 3
/=	除等于	x /= 3	x = x / 3
//=	整除等于	x //= 3	x = x // 3
%=	取模等于	x %= 3	x = x % 3
**=	幂等于	x **= 3	x = x ** 3

（5）成员运算符

用于检查元素是否在可迭代对象中，返回布尔值。

运算符	描　述	示　例	结　果
in	检查元素是否在对象中	3 in [1, 2, 3]	True
not in	检查元素是否不在对象中	4 not in [1, 2, 3]	True

（6）身份运算符

用于比较两个对象的内存地址是否相同，返回布尔值。

运算符	描述	示例	结果
is	检查对象是否相同	$a = [1, 2, 3]$; $b = a$; a is b	True
is not	检查对象是否不同	$a = [1, 2, 3]$; $b = [1, 2, 3]$; a is not b	True

G 试题答案

课程	第一题	第二题	第三题	第四题	第五题
2.1	B	B	×		
2.2	A	A	C	C	
2.3	A	D	4	100	√
2.4	A	B	×	√	√
2.5	A	B	B	√	√
2.6	C	B	C	B	√
3.1	B	A	A	√	×
3.2	C	A	A	√	√
3.3	B	A	A	√	√
3.4	C	B	B	×	√
4.1	A	A	B	×	√
4.2	C	B	A	√	×
4.3	B	A	B	√	√
5.1	C	B	B	B	B
5.2	B	B	A	×	×
5.3	B	D	A	√	√